U0378786

德国智能制造译丛

数字化实现柔性生产的德国实践

Flexible Produktion durch Digitalisierung
Entwicklung von Use Cases

[奥]弗里德里希·佩施克（Friedrich Peschke）
[德]卡斯滕·埃卡德（Carsten Eckardt）　著

丁树玺　译

机械工业出版社
CHINA MACHINE PRESS

本书由计算机集成制造技术和数字工厂的应用引出工业 4.0 倡议，介绍了作者正通力合作的相关组织和知名企业，总结了已有的标准政策和技术方案，全面翔实地分析了工业 4.0 进程中所需的全新技术及其在应用中将会面临的挑战和机遇，根据不同的企业类型和需求整理出它们在未来发展道路上将会遇到的难点、痛点，并提出了相应的解决方法。

　　本书还描述了产品生产过程中不同阶段及工厂内不同设备的数字化解决方案，探索了未来数字化开发模型在产品整个生命周期内的作用。

　　本书将知识讲解、理论分析和实际案例相结合，为读者展现了未来工业 4.0 发展的全貌。本书不仅适合制造领域的科研人员参考学习，也为企业内部的管理人员和工作人员在该领域做出相关决策时提供基础依据。

图书在版编目（CIP）数据

数字化实现柔性生产的德国实践/（奥）弗里德里希·佩施克，（德）卡斯滕·埃卡德著；丁树玺译 .—北京：机械工业出版社，2022.7

（德国智能制造译丛）

ISBN 978-7-111-70943-5

Ⅰ. ①数…　Ⅱ. ①弗…②卡…③丁…　Ⅲ. ①智能制造系统-教材　Ⅳ. ①TH166

中国版本图书馆 CIP 数据核字（2022）第 095198 号

机械工业出版社（北京市百万庄大街 22 号　邮政编码 100037）
策划编辑：李万宇　　　　　责任编辑：李万宇　李含杨
责任校对：肖　琳　李　婷　封面设计：马精明
责任印制：任维东
北京中兴印刷有限公司印刷
2022 年 8 月第 1 版第 1 次印刷
169mm×239mm · 13.25 印张 · 1 插页 · 246 千字
标准书号：ISBN 978-7-111-70943-5
定价：69.00 元

电话服务　　　　　　　　　网络服务
客服电话：010-88361066　　机　工　官　网：www.cmpbook.com
　　　　　010-88379833　　机　工　官　博：weibo.com/cmp1952
　　　　　010-68326294　　金　书　网：www.golden-book.com
封底无防伪标均为盗版　机工教育服务网：www.cmpedu.com

现如今产品的定制化程度正迅速提高，然而其生命周期却在不断缩短。面对如此快速更迭的市场条件，生产系统的动态适应性，即柔性生产成了行业的重要挑战之一。工业4.0和信息物理生产系统（CPPS）正是为了解决这一复杂主题而提出的概念。尽管关于柔性生产系统的基础概念和对于实现"单件量产"的思考都并不新鲜，且基于计算机集成制造（CIM）的研发工作也早已展开，但近年来技术的飞速进步才让人们真正意识到：这些概念的落地实施已近在眼前。互联网和云服务（cloud services）的普遍性，数据基础设施的快速响应及微型计算机的强大算力为物联网（IoT）的发展保驾护航；人工智能和机器学习提供了20年前无法完成的软件解决方案。对于各子系统集成工作至关重要的协议标准在不同层级上得到开发和拓展。软件制造商们显然意识到了封闭的软件生态和专有的系统接口只会导致无路可走。

与之前相比，现在的技术条件已然成熟。工业4.0的概念深入人心，制造业对于社会的重要性也得到了广泛的认可。那么现在实现工业4.0的障碍究竟是什么呢？答案依旧很复杂。人们总是从"鸟瞰"的视角讨论工业4.0。从自动化技术向具有自主和自我优化特性的系统逐步发展的意义上讲，生产中的卓越运营正与基于IoT的全新的破坏性商业模式混为一谈。软件和系统公司，包括工业设备供应商们开发了功能全面的解决方案和出色的软件包，但它们在特殊环境下操作的复杂性及集成工作量仍十分惊人。最重要的是，许多工业企业在流程控制和数据质量方面仍缺少必要的成熟经验。他们往往在电话和非正式交流中推进项目，"非正式"申请及私人化的"工作表格"（MS Excel）难以消除。因此，离工业4.0真正的成功应用还有很长的路要走。工业企业及解决方案供应商都对人才的资质提出了极高的跨学科要求。一次性的知识积累，如传统的大学教育是远远不够的。将来企业要完成数字化转型就会要求员工具有不断提高的竞争力。缺乏具有必要技能的人才会是战略实施的主要障碍，这将是企业需首要解决的问题。

各种不同的IT系统，如产品数据管理（PDM）、企业资源规划（ERP）和制造执行系统（MES），可以涵盖产品整个生命周期内的全部信息管理。尽管它们在内容上各有侧重点，但在实际应用中依然会存在功能重叠。然而，产品的生命周期并不是通常所呈现的一维形式。企业内部会同时开发多个产品，同一个零件会用到不同的产品或变型产品中去。原始设备制造商（OEM）的零件是供应商的最终产品。同一产品会在不同的工厂中加工完成，其中不同的零件均由当地对应的供应商提供。因此，需要用不同的方式来处理不同类别的信息。在工程领域，模型化的表述方式是十分常见的。在生产过程中，订单相关的信息和以时间为轴的加工过程数据［部分数据以毫秒（ms）为单位］会被记录并加以分析，其结果可以直接用于优化生产过程，或为前后道工序（如质量信息）提供基础信息。而到了运营阶段，维护与服务相关的信息则显得尤为重要。此时，每件产品的工作环境信息也会纳入考量，但它们不适用或仅在一定程度上适用于整个系列的产品，因为它们只表征了此单件产品的状态。然而，人们经常忽略一个事实，即生产系统本身是一件极其复杂的产品，它会经历研发和制造的过程，并在运营阶段用于加工其他产品。一方面，工业领域内与产品开发、生产和运营相关的信息正在不断融合；另一方面，为了使工业 4.0 的解决方案得以实施，又必须分解复杂的信息网络，以便能够成功地实现每个子功能和子系统。

　　并没有适用于某一行业或某类型企业的通用工业 4.0 解决方案，甚至只能针对某些可管理的部分找到最佳的解决方案。这一问题和前文所述的复杂性共同造成了互联网行业独立开发的现象，并产生了大量企业自身特定的概念。人们必须清楚地意识到这一点，并将它积极地引入到企业的创新工作中。

　　本书旨在清晰地解读数字化生产这一复杂主题，从而帮助数字化、互联网、企业运营、自动化、生产制造和工程领域的责任人及决策者确定方向，并定位不同的数字化应用场景，为具有针对性的技术实现奠定基础。

维也纳，2019. 03

教授，工学博士，德特勒夫·格哈德（Detlef Gerhard）

维也纳技术大学机械工程与管理学院院长

机械工程信息学和虚拟产品开发研究领域负责人

维也纳工业大学工业 4.0 试点工厂领导人

第1章 德国数字化与工业4.0概述

尽管越来越多的企业向服务型企业转变，但工业生产仍旧是欧洲经济的重要基石，除了策略、经济和生态等方面的驱动因素外，技术因素也有着巨大影响。在生态上，环境友好和可持续性发展显得越发重要。现代技术在与这些方方面面相适应的同时，还需要保证创新和发展。

信息和通信技术（IKT）既是"创新者"，又是"集成者"，来自不同行业的技术通过它得以融合。但这并不表明各行业之间存在可比的潜在利润。技术的可应用领域无法代表它在市场中的渗透能力。

许多新技术为生产数字化提供了新的，或与现有技术相比更优的解决方案。方案中当然包括产品、生产系统及产品使用者之间的信息获取、处理和交换。

与数字化密切相关的技术领域有实时通信、互联网、云计算、数据分析、机器学习、信息安全和由此衍生的智能产品、机器和设备。这一切通过软件联网完成信息交互，并能自动协调完成各自的工作。这就是信息物理系统（CPS，Cyber Physical System），它使机器在信息交互和工作应用中的集成化程度更高，并使平台化服务、动态干预及增值流程优化得以真正实现。

图1.1所示为从嵌入式到信息物理系统的包含关系，信息物理系统可以分步开发，并且具有以下能力：

- 通过传感器记录实时数据。
- 利用数据、互联网服务及离散式逻辑。
- 使用数字通信技术进行联网，如机器互联（M2M）、人机界面（HMI）。
- 通过执行器在物理世界中进行动作。

实现信息物理系统的前提条件是所有参与方都相互组网，并且具有由标准化接口实现的通信格式的兼容性。就生产增值而言，网络可以在企业内部的各个业务领域和驻地之间建立，同时也可以在包括客户及供应商在内的整个价值链中建立。

在这一场景下，因特网是数据存储并提供功能服务及计算能力的载体。产品、功能和数据都被定义为服务，并可以通过平台服务从云端获取。配有智能执行机构和传感器的机器人加上自动化技术就可以记录工作环境并进行实时数

1

据处理。而通过人机交互界面，员工可以使用辅助工具以交互的方式参与到生产或组装过程中。

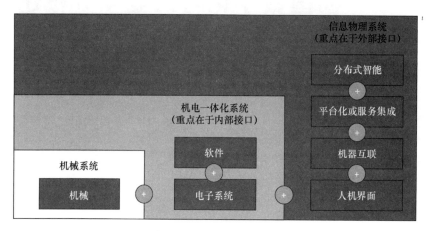

图 1.1　从嵌入式到信息物理系统的包含关系

在全新的生产过程中，计划、控制及自动化需求的解决方案层出不穷，而有针对性地选择方案可以构建和运行一套全新的生产系统，从而实现工业 4.0 的愿景。工业 4.0 的转型之路如图 1.2 所示。

图 1.2　工业 4.0 的转型之路

通过计算机技术改进的连通性构成了工业 4.0 的基础。根据图 1.2 中的策略定义，最终目标可以通过实现以下子目标完成：

1. 形成数字阴影
- 专注关键信息。
- 生成数字阴影的不同方法；实现迭代过程需要适当的详细信息。
2. 理解因果关系
- 系统的数字阴影构成了生产透明性的基础。
- 大数据分析更关注数据质量，而不是数据量。

- 基于需求的可视化。
- 关注客户与使用者的收益。

3. 进行预测

- 预测可能事件并评估其影响；识别和分析数据模式；开发现实的仿真模型。
- 质量决定接受程度和收益。

4. 自我优化

- 构建程序、组织和技术相关的灵活性；PDCA（Plan-Do-Check-Act）循环。

这一阶段式模型需适配不同企业的初始情况及实际目标。对于每个子目标，均应定义预期收益，并进行成本-收益分析。

乌尔里希·亨彭（Ulrich Hempen）曾在 2018 年将一家智能工厂总结为如下五个方面：

- 现场/传感器信号集成：通过传感器提高生产过程的自适应性，记录至今为止被动器件的信息，如储存罐、运输系统及将要制造的产品。
- 横向一体化：这不仅仅是两个生产单元/工作站之间的物流整合，更是整个工厂内部的物流整合。
- 纵向一体化：本地生产系统为（物联网）云服务平台的建立提供数据，而无论是内部通信还是外部通信，都有不同的协议（OPC UA、MQTT 等）。
- 互联网安全：控制器通过虚拟专用网络（VPN）及设定的身份验证（openVPN、IPsec 等）加密连接到机器。
- 模块化：生产单元、自动化单元的模块化使生产过程具有可变性。

市场调查和分析机构 Lünendonk 在其 2016 年的某份报告中提供了另一个企业向数字工厂转型的示例，其中包括基于信息和通信技术的不同实现程度阶段，见表 1.1。

表 1.1　数字工厂的实现程度阶段

	数字工厂	智能工厂	虚拟生产网络
目标	产品、工厂与装配规划的数字化设计	生产的自动化和自动控制	供应链的自动化和自动控制
实现	在实际生产前，依靠软件完成产品及生产过程的数字孪生	集成信息和通信技术的服务架构、工厂基础设施及信息物理系统	集成物流服务、动态投资及产能管理
预期生产力收益领域	设计与设施布置领域	加工领域（设备与工人）	供应链与增值链

基于专注生产过程透明化的数字工厂与智能工厂依托信息和通信技术对工

人、机器和产品进行横、纵向一体化，突出实时和智能的特点，能够对复杂生产系统进行动态管理。我们可以将其中的"智能"理解为（无论是技术领域还是经济领域）智能与全自动化的合理组合。为此，还需要开发结果/事件预测能力和针对生产对象的独立系统的适应能力。

一个虚拟生产网络由多个通过智能物流相连的智能工厂组成，并在供应链允许的情况下实现动态的订单及产能管理。卡格曼（Kagermann）先生早在2011年他和卢卡斯（Lukas）及瓦斯特（Wahlster）的共同著作中就描述了一个工业未来，其中的核心概念并不是生产链，而是实时优化的增值网络。工业4.0旨在解决个体生产制造和效率提升之间的矛盾（考虑尺度效应）。智能工厂将虚拟世界和实体生产融合，可以实时地对供应量、需求量及供应链的波动做出反应。

因此，数字化可以使生产过程更快速、更灵活、更透明且更具成本效益。与原本的情况相比，数字化应该能够生产出更多高度个性化的变型产品，并且不会在过程中损失任何生产力。

对于正在寻求健康成长的企业而言，在组织、流程及信息和通信技术等方面引入新技术绝对是不容小觑的挑战，除了对创新的狂热追逐，还必须关注那些引进新技术后的失败实例报告。

1.1 从计算机集成制造（CIM）到数字工厂

19世纪末，欧洲工业就大规模系列产品的生产形成了分工生产的工作模式。20世纪70年代，自动机械和机器人的应用使生产中的大量过程实现了自动化。这也正是因为微电子技术的发展使企业可以对机器和设备进行编程控制。

计算机集成制造（CIM）技术形成了业务和技术流程链中的集成概念，如图1.3希尔的CIM模型所示。

全新的集成方法，即产品生命周期管理（PLM），使两条流程链从计划到生产均保持紧密交互。随着IT系统的引入和随之而来的自动化，旨在实现根据德国经济生产委员会（AWF）于1984年定义的进行数字化产品的目标，具体如下：

     CIM包含了计算机辅助设计（CAD）、计算机辅助规划（CAP）、计算机辅助制造（CAM）、计算机辅助质量管理（CAQ）及生产计划和管理（PPS）。产品相关的技术和工作组织功能都必须实现，这就要求电子数据处理系统（EDV，也称数据库）中的所有数据都能共享。

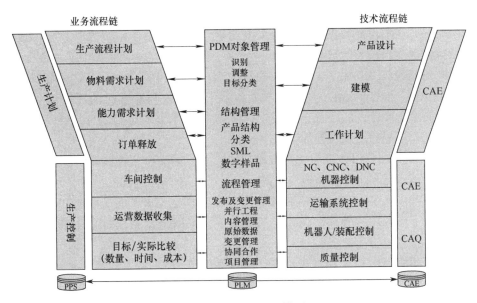

图 1.3　希尔的 CIM 模型

基特尔（Kittl）在多年的 CIM 实践过程中积累总结了以下几点，均与工业 4.0 的实施有关：

■ 缺乏接口标准导致大量额外集成工作，这不仅涉及 CAD/CAM 接口，也与企业资源规划（ERP）及生产管理，也就是机器之间的接口相关。

■ 当时还不存在制造执行系统（MES），但有生产管理系统（也就是生产控制系统）作为 PPS/ERP 系统的补充。这些系统为详细计划、生产辅助设备管理或机器和订单数据获取提供支持。此类系统一方面有助于将 ERP 系统与生产设备整合，另一方面也给企业带来了巨大的挑战。

■ 许多企业依赖于 PPS 系统的引入，并相信这将解决生产中的全部集成问题。而市场上的可用系统的性能有限，难以适应企业的特定需求，也无法提供合适的 CAx 接口。在生产管理过程中需要手动完成的任务依旧得不到 EDV 技术的支持，仍使用单据进行处理。

■ 其他一些企业将 CIM 等同于自动化。他们遵循着"未来无人化工厂"的愿景，但没能发挥工作人员的灵活性和能力，只是试图用计算机控制系统完全取代他们。

■ 此外，利用技术发展来改善组织架构的优势也没有得到充分利用。

计算机集成制造实践道路上的另一个障碍则是对以下公式做裁剪：

$$CIM = PPS + CAx$$

以 IT 应用的角度来考量这一集成公式，会发现存在的阻碍有很多方面。每

5

个 CAx 组件都反映了其所处的组织单位，并通过独立的数据管理结构形成应用程序闭环。这不仅使数据管理和分配变得更加困难，整体系统内的数据一致性及完整性也受到极大的影响。

■ 虽然源自 PPS 和 CAD/CAM 的信息流在 CIM 模型中会有多次融合，但并未真正实现。如今的 MES 系统并不具备基于不完整和非实时的反馈信息完成 PPS 定义的生产计划的条件，一些生产链的上游活动并没有得到记录，如适配设计、工作计划程序和数控加工程序的编写。

■ 许多企业将 CIM 视为生产策略，但它并不能完全实现既定目标，如减少库存、提高机器利用率或缩短交货期。

■ 成功引入 CIM 的先决条件常常被忽略，即定义要通过 CIM 实现的目标。这应该在考虑成功的各种影响因素的前提下，根据企业的长期愿景和目标及由此形成的企业战略来确定。

如果我们对比 CIM 和工业 4.0 的目标和内容，便不难发现两者之间的差异，如图 1.4 所示。

格哈德（Gerhard）在其 2018 年的著作中提到，工业 4.0 这一概念绝不是 CIM 的复兴，而是集成式增值网络中执行器交互协作的模型。这其中所有基于需求的信息、功能、工具和方法都以服务的形式存在于网络（互联网）中，用户可以自由获取。每个通过授权的执行机构可以在任一时间点发布其最新信息，并根据服务内容完成其功能。

集成在生产链中的面向应用程序的 CIM 概念可以理解为工业 4.0 概念的起点，其核心旨在囊括不同领域内的智能分布式交互系统。得益于新技术和新的集成标准，工厂不再受限于传统的自动化金字塔形层级结构，而是可以真正地应用面向服务的结构模型（SOA）。

布兰特（Brandt）在其 2017 年的著作中对这两个概念进行了详细的比较，按照 EDV/IT 系统、概念/模板、政府角色及数据保护方式分列在表 1.2 中。

除了技术创新，全球化及分权化趋势，包括数据可用性和全新的数据使用方式都表明了这两种概念之间的差异。

此外，这两者之间也有如下相似之处：

■ 数字工厂是由信息技术（IT）完成构想或定义的。

■ 工人被视为最佳/无误流程中的安全风险或影响因素；他们的创新能力、问题解决能力、创造力、责任感和经验都变得无足轻重。

■ 过度的希望或恐惧及不适当的标准使潜力评估和实现变得更加困难。

■ 通过 IT 技术实现的虚拟映射仍无法充分捕捉现实。

根据给出的比较信息，可以从 CIM 失败的原因中提炼出工业 4.0 未来可能面临的风险（表 1.3）。

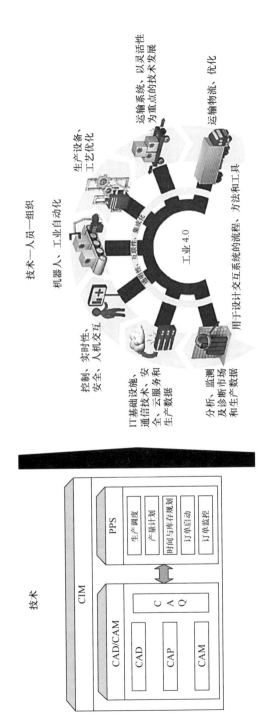

图1.4 CIM和工业4.0的比较

表 1.2　CIM 与工业 4.0 的区别

区别/分歧	
CIM	工业 4.0
EDV	**IT**
大型计算机占主导地位	分散的计算机中心、互联网、云技术及 PC 机和智能手机的应用
少数专家的领域	所有人参与其中
人工智能未得到重视	有人认为，很快计算机就会比人类更聪明
概念、模板	**概念、模板**(至少在开发阶段)
中央化的、确定的	分散式的、适应场景的
无人化工厂	社会技术系统，工人是重点
政府角色	**政府角色**
所有人遵守合法性规范	国家法律能否推动康采恩（译注：康采恩指一种规模庞大而复杂的企业组织形式）朝某个方向发展？
数据保护方式	**数据保护方式**
1984 年德国的人口普查遭到抵制	自愿向谷歌提供数据
实际过程中出现了大量冲突	BDSG 往往被认为已经过时了（专用性数据、经济性数据）
	大数据的功能更强大？

表 1.3　CIM 失败的原因和工业 4.0 面临的风险

失败的原因/风险	
CIM	工业 4.0
相对粗糙的模型导致错误的决断	适用于更高级别的应用
遭到员工抵制	黑客、数据失窃
	IPv6（7 或 8）因复杂度过高而失效
过度投资	过度投资
增值网络中的权利转移	增值网络中的权利转移
	权利转移导致员工利益受损（如众包工作）
	企业离散式架构导致效率丢失

　　我们可以从不同的角度讨论提炼出风险点，并根据现有的可用技术对其进行评估：

　　■ 从技术的角度来看，如今虽然有大量可供选择的系统，但均未经过工业用途的完整测试，缺少有充分依据支撑的成本-效益分析。现有的机器人编程也只是让它们能够仿人类操作——CIM 无人加工。另一方面，对工人资质的要求在迅速变化，但目前的员工培训计划尚无法给出对应的答案。

■ 企业数字化项目的战略定位遵循不同的前提条件。有些企业会在未进行潜在收益理论估计的条件下，被迫加入这一技术浪潮。它们在探寻一种新的，但具有破坏性的商业模式。

■ 方法、理念和技术的可移植性。在数字化进程中，IT/软件领域的很多方法和标准正在向其他部门转移，由此带来的潜在利益由以下几点决定，即新开发的核心竞争力、合适的产品组合及商业模式。

总而言之，根据布兰特的观点，我们可以得出以下针对数字化项目的建议：

■ 每个企业的数字化转型规划都应基于其自身的经营战略方向。

■ 工业 4.0 代表了社会技术系统的结构。IT 系统和日常的人机交互工作正在不断同步，其相互关系也在不断进步。这就要求适当、有效且迅速的集成方法。

■ 架构和组织的变更过程必须根据企业文化开发适当的方法。企业的需求、可行性及能力决定了变革的内容和速度。

■ 基于工作任务分工的企业在确定发展决策方面更具优势，而这正是良性发展的前提。

针对数字化生产，必须开发全新系统的数字模型，并能够真正回答可行性、潜在收益和实施成本这几个问题。

1.2 数字孪生

数字映射，又称数字孪生（digital twin），既是一种观测模型，又是数字工厂的实际用例。它将生产中所有的元素进行虚拟映射，并收集相关的原始数据，以此来支持其他业务相关的应用实例。此外，它还可以用于支持测试、培训和企业优化。

关于映射特性，我们必须区分静态映射（数字阴影）和动态映射（数字孪生），因为这意味着完全不同的用例和复杂性。

■ 数字阴影是针对已经释放的产品或设备完成的数字映射，对于从产品定义到最终加工的全部数据都进行数字保存。对实体设备的更改都必须手动将信息输入到原始信息站中。

■ 数字孪生致力于与实际流程及产品保持动态同步，并创造一个基础平台记录所有正在运行的产品的信息，监控并预测它们在真实环境中的表现，为满足某些目标（如质量、维护和服务等）对其进行适当的调整，保证不会出现非预期的工况。完成以上目标所需的产品和 IT 系统之间的数据与流程的集成工作，将依靠传感器和连接器来实现。

自动化或生产系统的供应商们为此提供了不同的模型,如图 1.5 数字孪生的视角所示。

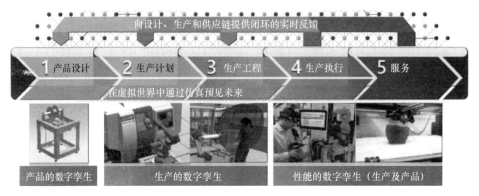

图 1.5　数字孪生的视角

工业服务商西门子又将数字孪生细化成三个互相关联的角度。

■ 产品孪生:这是产品在开发阶段的数字映射,包含了开发所需的所有信息,如 3D 模型、原始数据、工程图纸、测试特性和仿真数据。

■ 生产孪生:这是对产品孪生数据的拓展,这些数据显示了其与周围环境的相互作用,如其他机器和设备的几何形状、工具及程序等。这将创建完整的制造过程的数字映射。

■ 性能孪生:记录产品和(或)设备在运行(制造或使用)过程中的性能数据,如交货时间、质量和故障等。

借助这些虚拟视角,可以对技术、经济及运营决策这三方面的数字目标-实际情况进行比较;并为实际过程中的动态干预(修正)和优化创造基础。

为了能够发挥数字映射这一概念的潜力,必须完成由静态数据采集到动态数据采集的转变,包括对产品、生产过程和周围环境信息的实时采集。只有这样,计划外的事件才能被可靠地记录、分析、分类、纠正或预测。

图 1.6 所示为连接数字世界和现实(物理)世界的最重要的基本要素,即数字孪生的基础元素。

在图 1.6 中,物理机器与其传感器和执行器相互作用,后者通过通信通道持续为数字映射提供数据。数字孪生汇总并分析数据,从而使工作人员可以深入地了解流程和系统状态,并以此为基础对物理机器进行调整(短期措施),或将这些数据提供给开发团队,以便改进产品。

下面是一个菲利克斯·穆勒(Mueller F. G.)在 2016 年的一堂公开课上用到的数字化生产模型的例子。

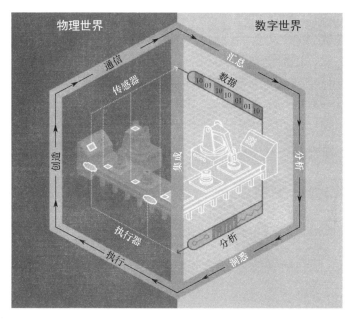

图 1.6　数字孪生的基础元素

　　图 1.7 所示为一个数字生产模型，展现了实时生产模型开发的生命周期，其中涉及工厂规划、运营和维护的用例，旨在为工作人员和机器提供支持。为此，需要针对生产对象定义关联信息，并将其映射到数字模型中。该模型旨在模拟定制生产的实际用例。

图 1.7　一个数字生产模型

1. IT 系统和架构

为了实现数字工厂或数字映射，必须构建更高维度的集成数据，不仅应包括整个增值过程，还细化到其中运用自动化和信息和通信技术的机器和产品。现有的 IT 应用程序必须进行集成或替换为新的应用程序，并与车间实地的自动化和控制系统——运营技术（OT），直接相连。

传统的自动化金字塔架构层次如图 1.8 所示。

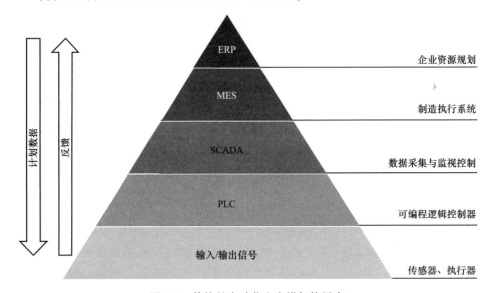

图 1.8　传统的自动化金字塔架构层次

图 1.8 展示了数字工厂功能的五个层级：

- 管理层级：
  - 带制造系统（CAx）的产品周期管理。
  - 使用办公系统（Office）的企业资源规划（ERP）。
  - 先进的供应链管理系统及仓库管理系统。
- 引导层级：制造执行系统（MES）。
- 控制层级：数据采集与监视控制（SCADA）系统。
- 自动化层级：可编程逻辑控制器（PLC）。
- 实地层级：机器、传感器、传输系统和机器人。

根据自动化金字塔模型，PLM 和 ERP 系统形成了数字工厂的起点。借助源自信号发生器和仿真系统的数字信息（几何形状、架构、功能等）及相关的原始数据（物料编号、制造商、物料、重量等）在产品生命周期管理系统中创建并可视化数字孪生。原始数据由企业资源规划系统集成提供。以原始数据为基础，加入生产相关的技术数据（机器类型/数量/利用率，工具/材料库存等），在制造执行系统中创建生产控制计划，并将其转交到数据采集与监视控制系统中。控制层级还负责收集机器和传感器数据以反馈给制造执行系统。后者则将控制需求传输到各可编程逻辑控制器单元。通过对这些信息进行编程处理，从而控制每台生产机器（机器人或传输系统等）。

尽管上述系统已经出现在市场上很多年了，但其所面临的挑战却依旧没有改变，即软件和自动化如何适应企业不断变化的流程，以及如何借助新的方法来提高集成度。

■ 需将 IT 系统和 OT 系统集成在一起，并且建立从 ERP 系统到机器控制系统的信息流-垂直集成。由于市场上存在着大量的，并且仍在不断涌现的新产品，而且相关标准仍然不够完善（或一致性较差），这种方法将对继承多年的传统系统格局带去巨大挑战。

■ 就增值过程的实现或调整而言，针对所有相关过程的不同阶段的水平集成也是必要的。为了实现服务孪生，必须在数据方面集成产品创建的全部过程，以便在创建产品使用期间的数字用例时拥有需要的信息。

同样已不是最新技术的面向服务的 IT 架构则通过云/网络服务或物联网平台（IoT）获得了新的动力，并正在逐步取代之前系统的层次架构。

图 1.9 所示为新的集成和通信技术带来的从分层架构向网络架构的转变，即自动化金字塔的转变。物联网平台在车间（实时信息）到 IT 系统之间的过渡区域中扮演着越来越重要的角色。其中包括提供基本服务，如连接器，监控器等，并且可以由不同的供应商进行网络服务补充。很多机器、机器人、存储和运输系统的制造商都提供现成的 IoT 接口，甚至提供一些他们自己的 IoT 服务，如通快公司（Trumpf）旗下的 Axoom。

除了对 PLC 和 SCADA 层级的软件进行下一步开发，边缘或雾计算也提供了数据预处理的新可能性，从而使整个生产过程及架构更加灵活。其中与现有机器的可连接性是一项重要的先决条件。

面向服务的系统架构的基本模块如图 1.10 所示，包括以下层级：

■ 业务应用（business application）：可以直接从车间实地（传感器、机器）、边缘侧或物联网平台获取数据。通常会按照需求根据领域进行设置，以求做到在技术或组织上的拆解或协作。

■ 物联网平台：提供基本服务，如设备管理、数据接入、边缘管理、网络安全和数据流线化等，并为集成第三方网络服务做好准备。

■ 边缘组件：实地车间与 SCADA 层级之间的数据的预处理和预过滤可以在 IoT 平台中完成，或者，该功能也可以集成到 IoT 平台中。为此需要有自己的数据存储硬件。

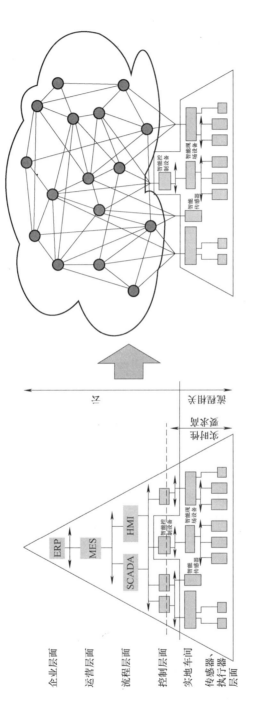

图1.9 自动化金字塔的转变

图 1.10　面向服务的系统架构的基本模块

- 自动化/机器间连接：网关/用于连接机器控制的协议；机器上的控制终端。

当车间设备和边缘模块可以在本地安装时，物联网平台、业务应用程序和其他网络服务均可以通过云基础架构完成搭建。这包括基础设施的基本组件及可以由一个或多个供应商提供的服务。此类平台的核心是数据湖（data lake），它是所有应用程序和服务的统一数据库。

除了可以优化数字信息流，通过提高车间的集成和自动化程度，加入智能（机器学习）控制和管理元素，新技术还带来了提高物料流效率的可能性。

2. 数字工厂的内部物流

不同的订单对生产的灵活性提出了要求。在供应链管理领域（SCM）中，借助设定离散化及个性化的订单类型（定制生产）来实现。其目标在于使库存尽可能地减少，并在成本、时间和资源使用这几方面优化生产物流。根据维纳斯（Venus）2018 年的著作，可以通过以下方法解决 SCM 的战略目标。

- 效率：优化生产力、供应链成本（盈利、亏损信息）。
- 工厂利用率：优化工厂利用率、存货周转率及现金循环周期（资产负债表）。
- 客户反馈（服务，物流表现）：
  - 减少订单处理时间。
  - 提高交货可靠性，做到"on time in full（OTIF）"，即完整及时地交付订单。
  - 提高产品可用性。

● 缩短产品上市时间（流程和组织时间）。

除了优先完成既定目标外，还可以使用特定的控制杠杆（图 1.11）来评估行业相关的优化潜力：

SC改进杠杆	百分比	优先级
• 仿真能力 • 客户服务等级 • 预测	1%～5%	仿真能力
• 运输成本，物流网络架构 • 最小订购数量和价格阶梯 • 资源需求，适应能力 • 供应链复杂程度	3%～8%	效率
• 库存 • 应付款项和债务	5%～20%	设备工作负荷
• 设备利用率 • 仓库，流动资产	3%～12%	

图 1.11　供应链管理中有效的控制杠杆

从上述三个目标来看，就已动用资本回报率而言，通过库存/需求或工厂利用率/工厂库存量杠杆来提高工厂利用率可以带来 5%～20%的优化，具有其中最大的优化潜力。

当前，内部物流还不能做到全部流程的完全自动化。为了兼顾性能和灵活性，许多自动化子系统在诸多领域被组合成复杂的功能单元。其目标在于形成从收货到发货的连续自动化流程。

从供应链管理的角度出发，图 1.11 中的控制杠杆构成了开发数字化用例的基础。

1.3　面向服务的运营模型

除了给系统技术带去创新，面向服务的解决方案也正在进入运营模型领域。这也就是从应用程序架构向面向服务架构的范式转变。

面向服务的架构（SOA）这一概念最早由市场研究公司高德纳（Gartner）于 1996 年提出。由于当时并未对其概念形成一致的认可，因此我们常引用源自 2006 年结构化信息标准促进组织（OASIS）的定义：

 SOA 是构建和使用不同所有者负责的分布式功能的范式。

为了实现这一架构，在工业 4.0 概念中又引入了信息物理系统。SOA 包括连接到服务平台的生产项目，并将生产数据从车间实地转交给服务供应商，后者以此数据为基础提供类似机器在线监控的服务。

与传统运营模型相比，面向服务的架构并不囊括机器操作员与供应商之间的交流，而是由服务平台的操作员和服务供应商对于所请求的数据服务进行规划。服务平台运营商在其中扮演着核心角色。它提供具有基本的应用程序服务的平台，并处理企业的法律和商业任务。

整个服务网络为所涉及的各利益相关者都定义了不同的职责。与传统的运营模式相比，面向服务的运营模型带来了更高的灵活性和模块化的增值结构，如图 1.12 所示。

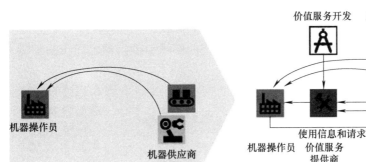

图 1.12　面向服务的运营模型

面向服务的运营模型思想借助工业 4.0 参考架构模型（RAMI-DIN SPEC 16593-1）的形式为大众所接受，并明确其目的是为工业 4.0 各组件之间的交互建立纲领，再以纲领为基础定义"工业 4.0 服务"这一概念。

1.4　工业 4.0 倡议及其标准概览

工业 4.0 项目框架内有许多参与组织，它们各自具有不同的任务，扮演着不同的角色。本书在这里只简要介绍其中的一部分。

1.4.1　工业 4.0 倡议的起源

这一概念最先由来自德国经济科学研究联盟（FU：Forschungsunion Wirtschaft-Wissenschaft）的孔翰宁博士（Henning Kagermann）、沃尔夫·迪特·卢卡斯（Wolf Dieter Lukas）和沃尔夫冈·瓦尔斯特（Wolfgang Wahlster）共同设计提出，并成为德国联邦政府 2020 年高科技战略（Hightech-Strategie 2020）

中的一个同名项目。德国联邦政府的关注点是要在这一领域引领社会及科技的迅速发展，并构建全德国创新人才得以合作的组织架构。

工业 4.0 一词于 2011 年 4 月首次公开发布，当时发布的标题是"工业 4.0：互联网正带领我们走向第四次工业革命"。工业 4.0 的基本思想过去是并且现在仍是通过智能工厂来恢复过去几十年来失去的生产力，依靠数字化和高度自动化的流程来确保全球竞争力。最关键的是能够快速响应市场需求，并能从个人需求或客户定制产品中获利。

由德国联邦教育和研究部（BMBF）组织的经济科学研究联盟所成立的工业 4.0 工作组阐明了成功进入第四工业时代的前提条件。

随后，该工作组就未来工业 4.0 项目的实施建议展开研究，其成果于 2012 年 10 月提交给德国联邦政府。2013 年 4 月，工作组在汉诺威工业博览会上作了实施建议的最终报告，标题为"保障德国制造业的未来：关于实施'工业 4.0'战略的建议"。工作组由齐格弗里德·戴斯（Siegfried Dais）博士和孔翰宁博士担任主席。

上述工业 4.0 研究联盟，即未来行业的推动者小组，在发布最终报告后仍旧活跃于一线。其中最有力的体现就是同名的工业 4.0 平台，下面将对其进行详细讨论。

1.4.2　工业 4.0 平台

德国信息技术和通信新媒体协会（BITKOM）、德国机械设备制造业联合会（VDMA）和德国电气和电子制造商协会（ZVEI）在提交了"工业 4.0"这一未来项目的相关实施建议的最终报告后，于 2013 年 4 月共同决定了一项旨在继续和发展项目"工业 4.0"的合作协议。为此它们推出了工业 4.0 平台，以进行跨学科合作。从那时起，工业 4.0 平台就开始了它的壮大之旅。2015 年 4 月，来自不同企业、协会、工会、学术界等领域的有识之士加入到了这个工作组中。整个工业 4.0 平台由德国联邦经济和能源部（BMWi）和德国联邦教育和研究部领导。工业 4.0 平台的组织架构如图 1.13 所示，在各主题工作组中，企业、科学协会和工会的专家与德国联邦各部委的代表合作，协同制定运营解决方案。

该平台的目的在于通过工会、行业协会、企业、科研组织及政策之间的对话进一步拓展工业 4.0 这一概念，致力于解决在标准化、网络系统的安全性、法律框架、科技研发和工作组织等领域中的未来问题。

指导委员会与企业代表一起为工作组成果的技术实践制定了战略方案。工业 4.0 平台通过国际合作将其成果带至全球，旨在全球范围内推广统一基础平台的同时增强跨境交流，以此来推动生产数字化。

工业4.0平台

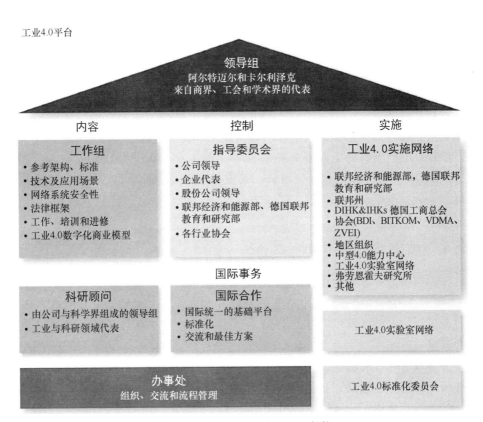

图 1.13　工业 4.0 平台的组织架构

德国联邦经济部长彼得·阿尔特迈尔（Peter Altmaier）和联邦研究部长安雅·卡尔利泽克（Anja Karliczek）与来自商界、学术界和工会的高级代表一起管控该平台。在特定主题的工作组中，企业、学术界、协会及工会的专家们与来自德国联邦各部委的代表合作，为所有参与者提供联合行动建议，从而奠定统一可靠的框架条件。平台致力于在预竞争阶段形成联盟，伙伴关系和合作网络，整合德国现有的业务能力并支持其继续发展，并且时刻关注制造业的相关趋势和发展方向，将其汇总为对工业 4.0 发展的统一理解。

工作组将着手研究在标准化、网络系统的安全性、法律框架、科技研发、工作组织和商业模式等领域的未来问题。

指导委员会与企业代表一起为工作组成果的技术实践制定战略方案。

工业 4.0 平台通过国际合作将其成果带至全球，在全球范围内推广统一的基础平台，并增进在数字化生产中的跨境交流。

1.4.3　德国信息技术和通信新媒体协会（BITKOM）

BITKOM 是由各行业协会合并而成的德国数字协会，于 1999 年正式成立。

它代表了超过 2600 家企业，其中有初创企业，也有中型企业，还有来自全球各地的软件、IT 服务、电信、互联网和其他不属于数字化经济领域的企业。

工业 4.0 的主旨在于数字化转型（部门），又可以细化为各主题工作组：工业 4.0 市场和战略、工业 4.0 互通、数字转型和数字分析及优化。BITKOM 的员工与成员企业的专家们紧密合作，他们的工作成果除了策略立场，还有技术标准或新商业模式的概念，并以指导书和工业 4.0 相关主题指南的形式发布。

BITKOM 坚决致力于开发与拓展用于实施工业 4.0 的必要基础架构。2018年，BITKOM 开始了新的数字化攻势，其重点一方面是加速千兆网络及能源和交通运输的数字基础设施的扩展；另一方面则是经济、社会、行政、教育、就业、数据保护和安全等领域的泛数字化。

1.4.4 德国电气和电子制造商协会（ZVEI）

作为指引电气方向的行业协会，ZVEI 是德国最重要的行业协会之一。它拥有 22 个专业协会，代表着整个行业的利益。在工业 4.0 领域，它具有非常丰富的、充满活力和创新性的产品组合，这是未来工业 4.0 项目开发和实施的主要动力源泉。

协会成员间及跨协会之间会就工业 4.0 领域中社会、技术和法律主题相关的最新发展进行热烈的讨论，并在此基础上就其共同立场起草了各式各样的文件。这些内容概述了特定行业的市场，电气行业的发展趋势（尤其是在工业 4.0 的实施方面），以及针对教育、科研、技术、环境保护或科学等广泛主题的策略行动建议。此外，ZVEI 还支持工业 4.0 领域的国家和国际规范以及标准化。

我们还可以列举多个由 ZVEI 直接参与或其成员正在追踪的主题或趋势。

其中一个受工业 4.0 强烈影响，并反向推动工业 4.0 发展的重要趋势就是"模块化的自动化"。就电气行业而言，一方面，企业自身就是此类高度创新的自动化解决方案的生产商和供应商；另一方面，企业也是这些解决方案的消费者，以便为客户提供模块化的高度灵活的自动化系统。

另一个令人异常兴奋的主题是"智能工厂——工作场所"。在高灵活性及各种各样的产品包围的生产环境下，工人将来如何工作，企业又能从智能生产、运输及其整体系统中获得怎样的支持。

预研项目"DC-INDUSTRIE"则涉及未来工业生产的能源供应。它将在智能电网中形成一个本地直流网络，从而提高能源效率并促进数字化。

2018 年成立的"5G 产业自动化联盟"（5G-ACIA）的前身正是由 ZVEI 于 2017 年成立的 5G 工作组，它代表了其成员企业在国际标准化进程中对 5G 工业设计的兴趣。这项工作对于工业 4.0 项目的进一步发展至关重要，因为安全可靠的高速宽带连接是必不可少的。

1.4.5　德国机械设备制造业联合会（VDMA）

VDMA 代表着来自机械和工程领域的企业，这是德国较大的工业分支之一。德国在机械工程和设备工程方面的创新得到了全世界的认可，并占据整个德国经济中最高的隐性研发支出。这也使机械工程成为全德国研发最火热的行业之一。

VDMA 拥有大约 3200 个成员企业，规模几乎全是中型企业及以上，是欧洲机械工程领域最大的工业协会之一。它的许多成员都是继承了几代人的家族企业，并且皆与研发、工业和科学领域紧密合作。这也同样适用工业 4.0 的引入和发展。通过开发新产品、服务和商业模式，德国机械和设备工程行业在工业 4.0 的进一步发展和实现中发挥着关键作用。这不仅使其本身时刻保持竞争力，更是成为全球学习的标杆。

如今，VDMA 是德国机械工程行业利益中最重要的代表。它在工业 4.0 领域的开发和实践工作得到了科研及工程管理界的一致认可。这是因为它有着技术专长、行业知识和对自身的明确定位。它代表了德国整个工业部门的共同经济、技术和科学利益。

VDMA 分析与工业 4.0 相关的特定行业的环境，并积极参与到跨行业和跨境项目中去。其工作以咨询委员会（类似兼容性咨询委员会）和工作组（如 OPC-UA 工作组）的形式协调开展，并确定工作目标。我们可以在工业 4.0 这栋大楼的每一块"砖瓦"上看到 VDMA 成员们的印记。

1.4.6　标准化委员会（SCI）——德国工业 4.0 标准化路线图

工业 4.0 对系统的集成化程度有着空前的要求，不仅仅是跨领域及层级结构，还需要囊括产品的整个生命周期。因此，要成功实践工业 4.0 必须及时地对丰富多样的组件进行标准化，这就需要科研、工业、科学及标准化机构之间的紧密合作。这不仅是国内需求，更是国际需求，只有做到这一点才能加强德国工业 4.0 解决方案的国际竞争力。

为了确保这一点，Bitkom、DIN（德国标准化学会）、DKE（德国电工委员会）、VDMA 和 ZVEI 在 2016 年的汉诺威工业博览会上共同宣布成立工业 4.0 标准化委员会（SCI 4.0：Standardization Council Industrie 4.0）。SCI 4.0 的目标是为工业 4.0 带来的数字化生产相关的所有事物制定标准，并协调国家和国际间的标准条例。此外，SCI 4.0 还要接手行业实施和标准制定之间的协调工作，并在国家和国际层面上组织工业 4.0 平台和标准化组织合力开展工作。SCI 组织架构概览如图 1.14 所示。

基于 RAMI 4.0，德国已经在工业 4.0 项目中开发出一个在国际标准化过程中受到高度重视的模型，为标准化及国际合作做出了重要贡献。

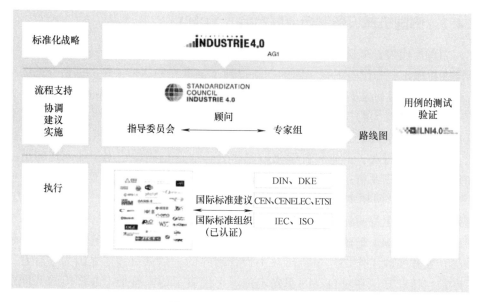

图 1.14　SCI 组织架构概览

SCI 4.0 旨在加速标准化进程，并致力于编写文档"工业 4.0 标准化路线图"来指导协调各方工作。还有很重要的一点是，SCI 4.0 还定义了未来项目规范和标准化需求，并组织国际合作进行工作实践。

工业 4.0 标准化路线图是一份极具"生命力"的文件。它是 DIN 和 VDE 之间的交流文件，并且定期更新版本，总结概括当前的标准化活动、确定标准化的需求并从德国实践经验出发向国际标准化组织提供建议。

除了概括当前规范和标准化工作的状态，它还包含了工作建议、概述规范需求，并总结了工业 4.0 主题领域内的相关规范和标准。

1.4.7　开放通信平台（OPC）统一架构

OPC 的缩写源自于自动化技术，最初代表的是用于过程控制的 OLE（对象连接与嵌入）。它是一套标准化接口，使来自不同供应商的应用程序之间能够交换数据。经过一系列发展，其对 OLE 对象系统的依赖逐渐降低，并于 2011 年更名为开放通信平台。OPC 基金会在其全部 OPC 协议的基础上推出了新的 OPC 标准，即 OPC 统一架构（OPC UA）。它是工业级的 M2M 通信协议，与之前的版本有很大的不同。其特点在于其功能不再局限于传输数据，如测量值和机器参数，还可以通过机器语言对数据进行描述。

经过 4 年的打磨和预研项目的实践，OPC UA 的 1.0 版本在 2006 年秋季发布。2009 年发布了修订版 1.01；现有的版本更新至 1.04，其中一共包含了 14 个部分。

还有一些类似的配套规范，在此仅简单列举部分：自动化标记语言（Auto-mationML）、PLCOpen、包装机械语言（PackML）。得益于工业 4.0 平台，OPC 已成为工厂车间内的通信标准。

1.4.8 自适应制造开放式解决方案（ADAMOS）—— 机械及设备制造标准

ADAMOS 是 ADAptive Manufacturing Open Solutions（自适应制造开放式解决方案）的首字母组合，它是由德马吉（DMG MORI）、杜尔（Dürr）、Software AG、蔡司（ZEISS）和先进科技（ASM PT）公司于 2017 年就工业 4.0 和工业物联网（IIoT）等未来主题成立的战略联盟。

ADAMOS 追求的目标是围绕工业 4.0 和 IIoT 两大主题，将机械工程、生产和信息技术的专有知识整合在一起，为客户创造高附加值，为数字生产开发解决方案和推广新的商业模式，并建立整个行业的标准。可以说，ADAMOS 就是为机械制造企业、工厂和工程企业及其客户量身定制的。

ADAMOS 提供了独立于供应商的 IIoT 平台。通过该平台，终端客户可以更快速、高效地享受数字服务。ADAMOS 成功的决定性因素是合作伙伴网络，它由机器制造商、解决方案供应商和来自 IT 领域的专家组成，可基于 ADAMOS-IIoT 平台开发和运营数字解决方案，并延伸到整个产业增值链。合作伙伴网络也促进了持续的知识交流和资源获取，有利于实现个体和集体目标。ADAMOS 服务模型如图 1.15 所示。

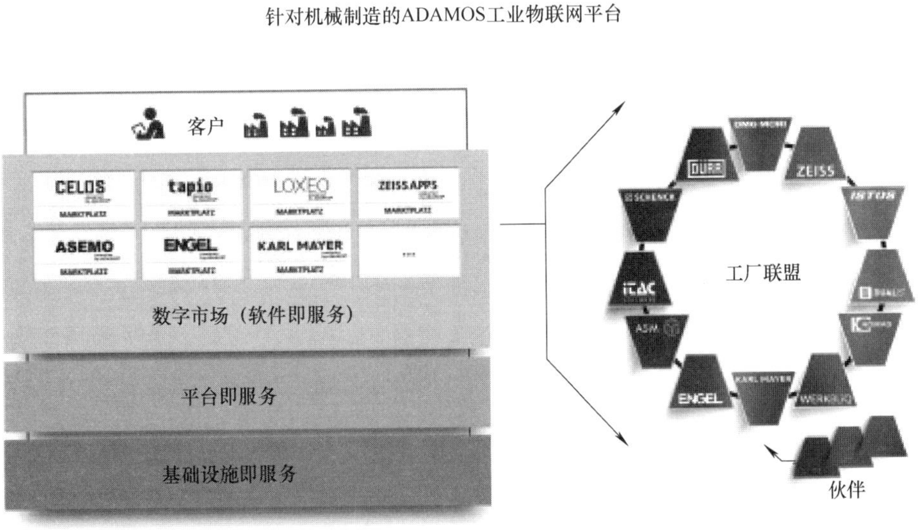

针对机械制造的ADAMOS工业物联网平台

图 1.15　ADAMOS 服务模型

机械工程正经历着深刻的工业变革，而数字化产品和技术正逐渐成为决定工业变革成功与否的差异化因素。

1.4.9 PLCopen

PLCopen 是一个于 1992 年成立的工业控制领域的组织，总部位于荷兰。其成员主要是工业控制系统的软、硬件供应商。

PLCopen 工作组（技术委员会）以提高应用程序的开发效率和降低软件的维护成本为目的制定相关标准。这些标准都独立于供应商及其产品，并可作为国际标准在世界各地推广和应用。其核心工作围绕 IEC EN 61131（全球唯一的工业控制编程标准）展开。

PLCopen 关键的工作成果如下。

- 运动控制库 。

- 有关控件功能安全的建议 。

- 项目之间数据交互的 XML 规范  。

- 编程工具之间的兼容性规则。

在通信领域，PLCopen 和 OPC 基金会基于 IEC EN 61131-3 共同开发了一则通用标准——PLCopen 架构（图 1.16）。

图 1.16　PLCopen 架构

1.4.10 PLCnext

工业控制技术领域的另一项新技术是菲尼克斯电气（Phoenix Contact）公司

开发的 PLCnext。面向未来的 PLCnext 技术将引领未来发展趋势，并给出当今市场最期待的、符合未来市场的解决方案。

PLCnext 意味着需要快速支持新产品和解决方案的市场引入，实现逐渐增多的变型产品需求，以及保证最重要的 IT 安全性。要做到这三点，以下三大核心要素不可或缺。

1. 独立于硬件的平台

PLCnext 技术采用 Linux 操作系统，因此可以在几乎所有硬件架构上应用。Linux 操作系统不仅具有实时性的特点，并且能和 PLCnext 一起提供现代控制器所期望的稳定性和强大功能。与传统解决方案相比，在应用 PLCnext 技术创建工程时，首先要提前确定日后会实际使用的可编程控制单元（SPS）。这样有利于之后灵活地扩展应用程序，并且可以将最终解决方案重新组合。PLCnext 的开发环境如图 1.17 所示。

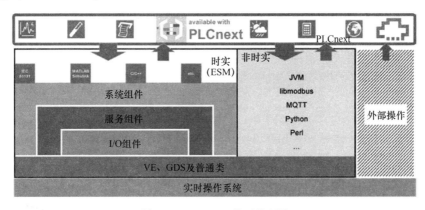

图 1.17　PLCnext 的开发环境

2. 独立于编程语言

PLCnext 技术的基础是用户应用程序和操作系统之间的智能交互层，通过该层不仅可以同步和实时交换数据，还有利于用户直接调用操作系统的服务。由于这一中间层提供了开放接口，用户可以轻松地集成自己的程序，并与所有其他程序、系统组件和操作系统进行通信。程序可以使用 IEC 61131-3 经典语言、高级语言（如 C#或 C/C++）及其他工具来编写。每个用户都能找到适合自己的编程工具，这样可以节省成本，因为员工可以使用已有的开发环境，也不需要进行专门的培训。开发人员可以创建模块化的解决方案，提高复用率，这样可以大幅缩短开发时间并为模块化系统的概念提供实践支持。程序的调用可以是循环式的，也可以是事件触发型的。此外，多核系统也能得到支持。

3. 当前及未来的传输标准

现代化的控制系统必须能够毫无问题地适配各种通信环境，并满足所有标准。PLCnext 技术支持工业 4.0 相关的 OPC UA 通信协议，并默认集成了 OPC-UA-服务器。全部组件通过中间层相互连接的优点体现得十分明显。集成式的数据记录仪和 OPC-UA-服务器可以在更短的时间内完成数据采集和上传工作，并且不需要任何编程操作。

此外，PLCnext 技术还可以连接云服务，允许用户集成自己的云解决方案。经典的现场总线系统，如 Profibus、CAN 和 ModBus RTU 等，也都通过实时以太网协议、Profinet 或 ModBus TCP 等方案得到全面支持。

PLCnext 技术还为后续更多的协议设计了预留接口，因此用户可以灵活地应对未来的技术发展。

1.4.11 德国机床制造商协会（VDW）倡议——通用机床接口标准（UMATI）

越来越多机械制造商的客户要求可以将机器轻松且可靠地集成到自己的"生态系统"中。即插即用（Plug & Play）正是在工业 4.0 背景下推动数字化生产的关键因素。为了有效地实现这一点，开放且独立的接口必不可少。

因此，在 VDW 执委会的倡议下，推出了名为 UMATI 的行业倡议以推动工业 4.0 中的"连通性"。

UMATI 是通用机床接口（Universal Machine Tool Interface）的英文缩略语。最初的演示程序由多家知名机床供应商（包括德马吉、利勃海尔、巨浪、联合磨削集团、格劳博、埃马克和恒轮）联合德国最先进的控制器制造商（倍福、西门子、发那科、海德汉和博世）共同开发。

- UMATI 本质上是通过基于 OPC UA 通信协议的信息模型来提供标注化语义。
- UMATI 可以根据机床制造商和用户需求定义特定的扩展语句。

除了已有的 21 个实际用例之外，工作组还能够基于开放式通信协议 OPC UA 为机床定义新的标准接口。GF 加工方案（GF Machining Solutions）和佩非勒（Pfiffner）是两家十分活跃的应用合作伙伴。

UMATI 架构如图 1.18 所示。

1. 概括

在确立、引进和实施未来的工业 4.0 项目的同时，各个领域在近几年都有了长足的发展。在工业控制技术和通信领域形成了针对特定主题的举措和标准，将机械或工业控制技术连接到基于云平台的应用十分广泛。

然而，关于连接各个应用程序案例和现有环境的集成协作层的描述仍然很少。笔者认为，在这方面需要投入更大的努力，才能将各种想法、技术发展和标准整体集成到一个智能工厂场景中。

接下来的挑战是将现有技术和未来的创新模块集成，并提出新的面向未来的概念。本书将提供用于创建此类概念的通用流程模型。

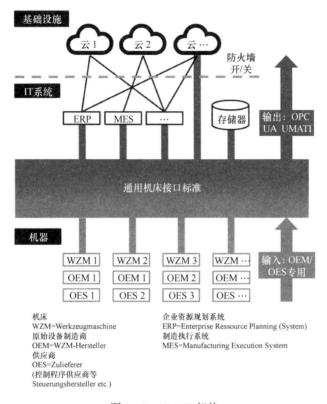

图 1.18　UMATI 架构

2. 加强德国国内业务或重新夺回业务

根据罗兰·贝格（Roland Berger）的一项研究，欧洲国家的国际竞争力尤其从中受益。瑞士和德国是高薪国家的不二之选，这些国家为保持其高水平的国际竞争力做出了长期的努力。

目前，国际形势面临洗牌：几乎全部主要经济体都已针对各行业中的传统生产工艺启动了数字化计划，以创造或保持其全球竞争优势。例如，已有多个商业平台以推动工业 4.0 发展为目的的建立。此类项目的实施将涉及大量投资，但预测显示，数字化能显著提高欧洲制造业的收益，并且由此产生的规模经济效应会进一步提高利润率（Think Act，Industry 4.0；03/2015）。

本书旨在为感兴趣的读者提供有关当前欧洲工业 4.0 主题的概述，并提出一种基于通用工业标准的面向应用的流程模型，用于开发和评估个性化产品生产的数字化用例。

本书在第 1 章 "德国数字化与工业 4.0 概述" 之后分为 3 章，从实践的角度阐述主题。

- 从战略、增值过程、IT 发展及生产基础设施这几个方面讨论制造企业当前的框架条件及其在全球范围内面临的挑战。
- 从以下几个角度介绍实现数字化理论潜在价值的解决方案：
  - 生产对象、产品。
  - 生产流程。
  - 生产基础设施。

其中的重点放在了流程集成的可用方法上，包括可以覆盖产品生命周期和生产工厂相关的 IT 系统，如 ERP、PLM 和 MES。

- 基于 IT 和流程系统的集成工作，分析计划、实施、监控和改进的各个阶段。阐明开发 "数字化用例" 的可能性，并提出了一种基于当今可用的方法、技术和标准的实用流程模型。

最后，第 5 章对本书所列举的方法进行总结，并从当前计划、市场和技术趋势的角度对未来的改进方向进行展望。

第 2 章　数字化带来的挑战

信息和通信技术的应用推动了传统机械领域由 CIM 到数字工厂的演进，它的实现离不开软件、传感器和机器。用户体验不断革新，整套系统与增值过程在更深层次得到结合，这意味着工作环境正经历着一场巨变。诸如生产环境的数字孪生与增加机器人的使用等创新理念的意义和实用性亟须我们从技术的角度进行客观的考量和评估。

第 1 章中提到的各领域内的变革所依靠的正是各种各样的新技术。而在生产领域，以下技术被认为是必不可少的（参阅技术引擎列表，表 4.2）。

- 实时通信：无延时地记录或转发机器和工艺参数。
- 连通性/网络连接：生产对象之间进行通信的基础。
- 云/量子计算：可扩展的计算能力，用于实时处理大量的复杂数据，面向服务，分布式数据存储。
- 数据分析：应用统计学和确定性方法及工具分析数据。
- 机器学习：对系统表现和机器行为进行有针对性训练的软件和算法。
- 数据安全：确保访问及使用数据时使用的方法和工具符合技术规范和法律要求。
- "智能"机械和系统：生产系统中依赖新技术实现智能的组件构成了信息物理系统。

对于许多企业，尤其是中型企业而言，评估是否能够使用及如何使用新技术来改善业务流程/结果是一项重大挑战。

新技术必须根据企业背景对其组织架构、生产流程及在信息和通信技术领域内的潜在价值进行评估，并要求记录全部相关数据。在此，信息和通信技术既扮演着技术供应商的角色，同时又是用户本身。为了应对这一挑战，企业需要人才和技术方面的竞争力和资源，而这也是大部分企业现在所欠缺的。

企业需要开发新技术，以期为企业组织的进一步发展和创造新的增值模型提供选择。从全球的角度来看，工业进入这种范式转变的途径似乎各不相同。

1. 欧洲与美国之间的对比

2016 年，欧洲启动了欧洲工业数字化（DEI）计划，该计划正是现在的工业 4.0。而美国的类似计划则被称为工业物联网（IIoT）。欧洲借助工作组制定的标准来引入新方法和新技术。第 1 章已经罗列了一些欧洲协会的倡议。

当欧洲将目标定在对满足安全标准的定制产品进行量产时,美国则在寻求将产品短期上市的方法。随着一个或多个关键客户参与到创新过程中,"最小化可行产品"(MVPs)得到顺利开发,并在市场上进行了验证。在获得充分认可之后,标准化与投放市场等工作得以同步进行。

欧洲制定了大量的公共补助计划,以鼓励中小企业开发技术。而美国的情况则不同,开发所需的资金往往来自投资者或证券交易所。

与此同时,欧洲的大企业也找到了依托于刺激计划,寻求工业合作伙伴共同参与投资友好型发展项目的机会。在研究网络的组成方面,软件供应商、工业企业、咨询公司、研究机构及综合性大学很好地结合在了一起,这也直接反映了工业 4.0 跨学科的特征。

2. **数字化的驱动力**

快速的技术变革及市场和产品日益复杂的情况都要求企业不断地调整组织架构,以保证核心竞争力,维持已有的工作流程。迄今为止,虽然技术变革集中在各行业领域内,如自动化、物流与产品生产,但数字化带来的影响已经可以在所有行业中感受到。

根据迈克尔·波特(M. E. Porter)的市场模型,企业自适应能力的动力来自于以下因素:

(1)技术的进步 技术带来的产业融合。

技术可以看作所有领域内增值活动的技术引擎(technology enabler)。通过为产品生产开发更复杂的方法和工具,一些独立运营的部门被整合到一起,机械工程、电气工程、电子或软件开发等领域有了跨部门合作的机会。这就是所谓的技术融合,为改进生产系统创造了机会。

图 2.1 所示为不同领域技术的生命周期,如机电一体化、电子和软件。它们可以通过有针对性的技术策略进行同步,这也是集成使用的前提。

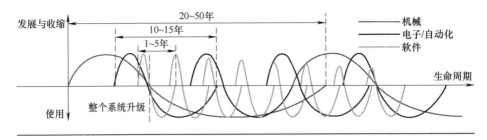

图 2.1 不同领域技术的生命周期

除去各个领域的专业知识,新生产系统的设计和执行还需要其他新的技能和方法。由于软件正日益成为物理产品及生产系统功能的决定性组件,软件开发的发放和标准变得越来越重要。

由于涉及的领域关联性较强，且整体系统的复杂程度在不断增加，与之前的系统相比，对问题和潜力的分析会更加耗时。

数字化的另一个驱动力是日益复杂的全球化市场，如不同地区的法规要求、日益激烈的竞争、新的销售和服务模式等。这需要企业在产品组合、生产能力（定制生产）和交货日期方面都拥有更大的灵活性。

（2）产品范围和复杂度 客户的个性化需求导致产品种类繁多，同时也大幅增加了产品的相关信息，而这些信息必须全部建档维护，与生产流程中的数据进行交互并保存。产品越简单，对批量生产的需求越强烈，标准化流程和有效信息管理的好处就越大。这样可以减少对偏离计划的反应时间，并提高能源和耗材的使用效率。

图 2.2 所示为产品差异性成了生产系统复杂度提高的推动因素，显示了对预期生产产品种类的估计。可以看到，当个性化产品增加时，量产及其变型产品整体呈减少趋势，而模块化产品基本维持其原本数量。更需要注意的是变型产品在量产总数中的占比。因此，变型产品也是增加系统灵活性的重要驱动力。

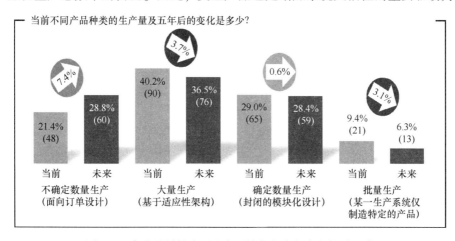

图 2.2 产品差异性成了生产系统复杂度提高的推动因素

（3）全球化 激烈的全球竞争缩短了营销周期（上市时间）。由于协调统筹和实际工作的并行化，产品创建过程中的各个阶段都被大幅压缩，因此需要增加产品基础信息的收集。为了使全球分布的廉价开发资源真正成为成本优势，企业必须引入全球增值链模型。保修和产品责任相关的法律规定也要求产品拥有完整的开发文档。

（4）生产力 制造商通常将来自市场或客户的成本压力转移给供应商，这促使后者不断提高生产率或将增值步骤外包给更高效的子供应商。精益概念正在成为资源分配的恒定基准。

（5）质量　客户需求的最佳实现方式需要基于产品或服务来评估。客户忠诚度是长久合作的先决条件，而如今产品的多样性使这一点变得更加困难。由过程质量来保证产品质量，要达到必须的标准，可能需要企业增加投入。

（6）技术人员的缺失和人口变化是所有行业面临的全球性挑战　技术变革的速度远远超过了企业及其主要业务活动所能追赶的速度。迄今为止，技术学院和综合性大学的教育资源已经落后当前的行业需求，并且无法提供有效的跨学科课程。

（7）创新压力　为了确保竞争力（质量、价格与客户忠诚度），需要在不同领域应用技术和方法进行创新。

- 流程创新旨在在内、外部合作中，通过减少时间、精力和材料的浪费来维持和提高生产率。
- 产品创新旨在在产品使用过程中，通过减少时间、精力和材料的浪费或提供新的应用可能性来扩大用户利益。它和流程创新是相互联系的。
- 在新的（破坏性）商业模式中，必须重新定位市场和客户。例如，一家产品制造商是如何转变为服务提供商的，又或者电信企业是如何变成制药企业的分析服务提供商的。

在阿贝勒（Abele）和莱因哈特（Reinhart）于 2011 年对中型工业企业进行的一次调查中，对以下生产系统中与数字化相关的挑战进行了评估。

图 2.3 所示为中型制造企业所面临的挑战，显示了生产系统中主要领域随

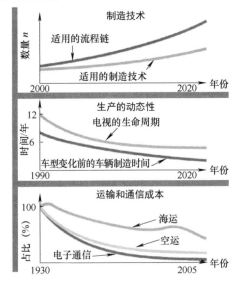

图 2.3　中型制造企业所面临的挑战

时间的变化，其结果如下：

- 现在市场上可供选择的生产技术比迄今为止已应用的还要多。
- 技术产品变型（TVs）的平均使用寿命缩短，并可以在生产中更快地进行产品更改。
- 运输和通信成本大幅降低。

传统企业都有成熟的方法和经验来应对这些挑战。

图 2.4 所示为中型企业在生产方面的数字化需求。可以看到，大家都认为通过智能规划、实时采集数据和提供辅助功能可以为当今的生产系统带来好处。

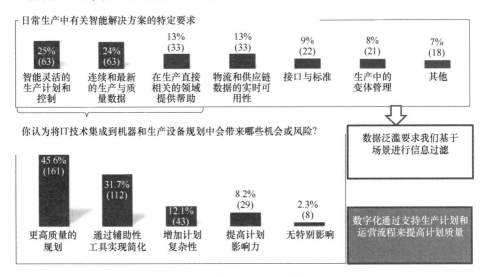

图 2.4　中型企业在生产方面的数字化需求

由此，我们可以定义数字化的核心领域，即在计划和生产之间创建集成式的信息流，并提供实时分析和纠错的可能性。

3. 数字产业的成功道路及风险

奥纬咨询公司合伙人，全球汽车和制造业咨询公司负责人托马斯·考茨实（T. Kautzsch）认为，通过数字化实现的预期增值一方面是降低成本，另一方面是提高利润。

怀曼（Wyman）在 2016 年的一项研究中表明，数字化的最优价值杠杆并不像我们通常所想的那样，在技术领域或在使制造灵活化的过程中发挥作用，而是体现在某些与生产相关的间接领域，如销售、定价、计划、控制或采购。

因此，决定性的价值杠杆并不在于新技术的应用，而是对增值链中产生的数据进行智能阐释。如果企业的决策层可以在收集数据的同时对其进行准确的分析评估，并以此建立战略据点，就可以为企业业务带来最大的益处。这样可以更快地做出更好、更可靠的决策，以及更高效的设计流程，并将它们更有效地集成，以扩展现有的商业模式或开发新的模式。

数据主权这一概念在此处起着决定性作用。随着数据保护和知识产权保护的法律框架的变化，如新的欧盟数据保护基本条例（DSGVO），许多项目中都出现了新的法律和技术问题。

数字化转型背后的技术驱动因素已得到广泛认可。但有关数字化领导力和实施的问题尚待解决：

■ 谁将在未来的工厂中操作和优化系统，是机器人供应商、工厂操作员还是外包服务供应商？

■ 谁又来分析运营数据，从而得出有关运营和流程优化的具体适用建议？
总结所面临的挑战，可以得出生产行业的特定信息需求。

■ 在新数字世界"丛林"中的定位：有关最新技术的信息和评估；对准则、规范和标准的解析；具备应用程序使用经验；理解不同专业领域知识（如生产、自动化与 IT 等）。

■ 易于使用的工具，用于评估初始情况、新方法及新解决方案的潜力：

● 这里以 360°全方位检查为例（图 2.5）。
通过使用工业 4.0 快速检查这一应用可以有效地明确短期收益目标。

● 另一个工业 4.0 应用的检查模型的例子是 Impuls-Stiftung（德国 VDMA 下属的基金会）在 2018 年提出的工业 4.0 准备状态自检（Industrie 4.0-readyness selfcheck）。

● 关于发展有助于理解、选择、实施和使用新技术的技术能力的建议。

● 提供帮助综合性大学、服务供应商、技术供应商、创新机构和各工作组之间交流经验和知识的服务。

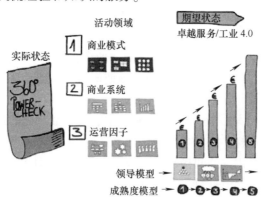

图 2.5　工业 4.0 的 360°全方位检查

此外，企业必须培养员工新的专业能力。这可以通过建立和参与工作组，将产、学、研深入结合来完成。新的培训计划必须将重点指向工业数字化过程中增值链所引出的新任务。

下面将分别从组织、流程和基础设施的角度讨论与数字化有关的问题。

2.1　组织数字化

本小节将着重介绍数字化措施在企业组织架构上会遇到的挑战和障碍。在正式开始之前，对此还有一些简要的介绍说明。

企业的组织架构代表了整个企业流程中由工作任务、授权许可、责任义务及交互信息规范所组成的系统，并在有效利用企业资源的前提下实现企业目标。企业可以根据这一概念分为两大活动领域：

- 由驻地位置、业务领域、部门和员工构成的内部领域。
- 由市场、客户、竞争对手和供应商构成的外部领域。

而在企业完成工作任务的过程中，组织架构又可以区分为项目导向和流程导向：

- 面向项目的组织架构根据项目管理的方法和规则（即根据所定义的项目类型）计划和处理业务。满足客户需求或实现企业目标是项目关注的职责重点。
- 与此相反，面向流程的组织架构定义了实现企业流程中的目标的职责，并着重于流程管理中的方法和规则。由于跨企业的合作业务越来越多，更多的企业越来越注重流程导向的架构。
- 由于需要不断适应业务的实际情况，实际应用的总是上述两种方法的混合形式。根据波特的五种力量模型，企业生存空间的稳定性和灵活性将由外部因素（客户、市场）和内部因素（组织、员工、文化）共同决定。

图 2.6 中五力模型的核心是现存竞争者之间的竞争（#1 力量），它由各企业在市场或增值链中的地位及基于产品领导力（客户、价格、技术等因素）的谈判能力（#2、#3 力量）决定。处于中心的企业还受到以下威胁（#4、#5 力量）：

- 新的竞争对手进入市场：
  - 行业内的新公司或分公司，以及来自其他行业的"横向进入者"。
  - 来自其他地区的竞争对手通过新的服务和商业模式形成的"虚拟市场进入"，如现在的平台服务或早先的集市。
  - 通过使用其他行业的技术实现跨行业收益，尤其是信息和通信技术极具潜力。
- 由于价格、质量、技术或其他优势而出现的产品或服务替代品。

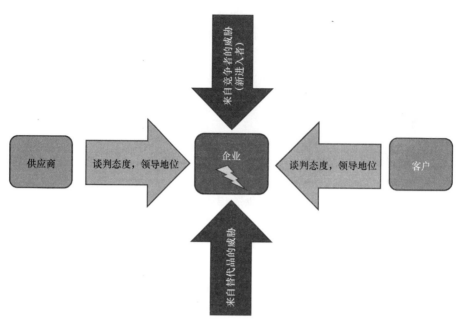

图 2.6　迈克尔·波特的五力模型

■ 客户忠诚度的质量和稳定性、发展和维护产品竞争优势（如客户亲近度、专业能力与制造灵活性等）的能力，以及供应商的议价能力也都是重要因素。

相对地，客户的地位取决于他们的市场地位或实力，以及市场中其他产品、服务和供应商所提供的替代产品的数量。

因此，技术成为了企业成败的决定因素。通过引入和适配新技术，企业能够重新定义其内、外部领域。此外，与客户、供应商的互动点也正在改变，双方的员工都必须适应新的结构、流程和工具，同时技术也在其实际应用中得到进一步发展。

工业 4.0 为不同行业的企业提供了不同的潜力。但良性的实施方式也会给企业带来各种各样的挑战，其具体形式取决于企业的规模、组织架构和产品组合。企业历史积淀和当前状况的不同也会引出不一样的障碍。

数字化带来的变化如下：

Bitkom 在 2015 年进行的一项调查已经表明，数字化不仅改变了产品和商业模式，还带来了企业组织架构的深刻变化。大约 3/4 的企业认为数字化加速了自己与客户（79%）或内部员工（75%）之间的沟通；2/3 的企业发现他们的组织架构变得更为灵活（63%）；超过 1/2 的企业（55%）发现工作效率得到了提高。

数字化为接近 1/2 的企业（52%）保证了内部决策流程的透明；在超过 1/4

的企业（27%）中，员工的积极性有所提高，相比之下只有 1/20 的企业（5%）中的员工在数字化影响下较之前变得更为懒散。超过 1/2 的企业（55%）认为企业原有的经典层次结构将会弱化；3/4 的受访者（75%）同意数字化需要全新的企业文化。

针对员工人数在 20~49 人的小型企业，组织灵活性和决策流程透明度（各44%）的提高幅度小于大型企业，但总体而言，员工们普遍很享受数字化带来的工作乐趣。超过 1/3 的小型企业（36%）表示，员工的积极性有所提高。而根据企业管理层的意见，本企业的工作效率有所提升的占 59%。

数字化为小型企业提供了比大型企业更快提高自身灵活性的机会。

2.1.1　企业规模

企业所面临的挑战和障碍会因其规模不同而出现极大的差异。就创新速度而言，大型企业此前普遍被认为不如灵活的小型企业。但在进行数字化改革时，大型企业通常可以找到比小型企业更具优势的方法，这使它们有机会率先实施可以对市场产生显著影响的生产计划。强大的资本实力让它们可以直接收购小型企业来实现技术迭代，而不再需要费力地与投资者谈判。

因此，数字化策略的开发和实施及相关工业 4.0 的应用实践与企业的规模息息相关。

在弗里德里希·艾伯特基金会（Friedrich-Ebert-Stiftung）的一份关于中型企业实现工业 4.0 的典型障碍和挑战的研究报告中表明：资本充裕的大型企业已经依靠高度自动化的生产设施来完成大规模量产任务，而且持续改进流程（KVP）一直都是其流程管理的组成部分。

因此，与中小型企业相比，在这些大型企业中使用工业 4.0 技术能更快地取得效果，如工作效率的提高。

中小型企业的生产过程通常是机械和手动的混合步骤，并具有高度定制化的特点。而这会直接导致在应用工业 4.0 工具时更加复杂和耗时。

但是，不断增加的技术解决方案也为这些企业提供了机会，可以通过数字化生产获得收益。这也是中小型企业迫切需要的，因为这种发展未能实现的直接后果就是竞争力下降。

2.1.1.1　大型企业

在一些超级康采恩和部分规模较大的中型企业中，工业 4.0 和数字化都是首席数字官（CDO）的职责。正如之前已经提到的，针对这些主题的工作，他们拥有强大的资金和人力资源，使他们能建立关于工业 4.0 和数字化的内部能力中心。此外，还会有很多应用新技术的演示项目试点或创新中心。由此，常常可以探索出数字服务或商业模式可以应用的全新业务领域。

在如此规模的企业中，实施工业 4.0 及数字化也同样会遭遇困境。由于规模、财务和人员的限制，企业中常常会出现职责与任务重复的职能中心。这里一个很好的例子就是企业 IT 部门与生产 IT 部门之间的职能划分，换句话说：企业本身的数字化进程与引入工业 4.0 之间究竟是什么关系？将传统的组织架构沿用到数字时代的风险是普遍存在的。数字化用例会被作为完全孤立的解决方案在各部门内部实施。其结果便是企业内部应用了许多数字化程序，但缺少将它们整合到一起的集成方案，只能部分利用其功能潜力。总有一些企业在抱怨，尽管它们在数字化或工业 4.0 领域做出了努力，但存在的问题依旧与之前相同。

事实上，信息技术和运营技术的融合才是工业 4.0 成长的最佳"土壤"，而企业的整体数字化需求也要求制造过程配合 IT 技术共同发展。

根据 Horvath & Partner 发布的"2018 年数字价值观"调查报告，企业数字化的职责不再由首席执行官一人承担，而是添加了新角色，并划分了职责。还有一点十分重要，那就是企业实现数字化的成功与否取决于员工的介入时间、参与力度和积极程度。我们将就此在后面展开讨论。

1. 职责转移

企业过去的战略方向都是由首席执行官或总经理单独决定的，但数字化在过去几年中使这一点发生了变化，或者说带来了职责划分。除了前面已经提到的 CDO，CTO（首席技术官）也将承担部分企业数字化的任务。原则上，职责范围可以划分如下：

- 基于新的数字化商业模式的企业战略。
- 企业数字化本身带来的战略和协作模式。
- 专业技术及其数字化实现。

这三个职责领域对于数字化转型的成功至关重要，且需要三者之间密切配合。由于如今迅速转变的市场条件和巨大的技术发展步伐，企业需要一个非常灵活的组织架构才可以对这些变化迅速做出反应，以确保竞争力。

图 2.7 所示为数字化的职责分配，即如何在 CEO、CDO 和 CTO 之间合理地划分这些职责，以真正实现战略及技术转型。

长远看来，根据工作能力划分数字任务，将企业内部各相关的利益团体整合到数字化进程中也是十分重要的。

下面将更详细地描述图 2.7 所罗列的对数字化极为重要的职位及其职责。

2. CEO/总经理

并非企业数字化进程中的所有任务都由首席执行官（CEO）/总经理负责，诚然，他在其中扮演着重要角色。他首先要对企业战略负责，使企业能够适应全新的数字时代。较为常见的两种实现形式分别是新的数字商业模式和调整产品组合。在此基础上，他可以确定发展方式及各阶段的优先级。此外，CEO 需要确定资金投入和人员框架，并确保正确的组织结构和良性的企业文化。

图 2.7　数字化的职责分配

3. CDO

CDO 需要基于 CEO 制定的企业战略及 CTO 提供的技术支持制定企业的数字化战略。他主要负责起草数字路线图，创建数字化项目并在企业内部统筹规划一切相关工作。

4. CTO

数字化的基础是新技术，而这也是 CTO 负责的领域。他需要时刻观察新技术的发展情况，评估其成熟程度。在执行战略时利用其专业知识从专业技术的角度为 CEO 和 CDO 提供建议和支持。

5. 数字化必须依靠团结协作

数字化进程的规划和实施需要多种技能的参与和合作。CEO、CDO 和 CTO 在企业数字化转型过程中的紧密合作首先可以保证相关项目有效执行，当然最重要的是最终成功地战胜挑战，克服障碍并实现既定目标。

但实际经验表明，仅以引进新技术为主要目标的项目往往无法取得任何进步，并且会对数字化战略造成负面影响。在完成部分数字化项目之后，员工必须能够熟练使用新技术，并愿意进一步了解数字化流程。为了从一开始就保证这一点，员工必须尽早参与到计划和实施过程中，并为随之而来的变化做好准备。开放和乐于交流的企业文化是最理想的工作环境。

因此，数字化项目的实施需要一丝不苟的规划，以应对这一巨大的挑战；

也需要细水长流的工作支持，才能克服不断出现的障碍。

6. 战略合作

大型企业在数字化发展中有着和小型企业不同的选择。除了收购较小的企业，建立战略合作伙伴关系也是一种可能性。根据 PAC 2018 的报告，工业生产领域的企业数字化战略如图 2.8 所示。

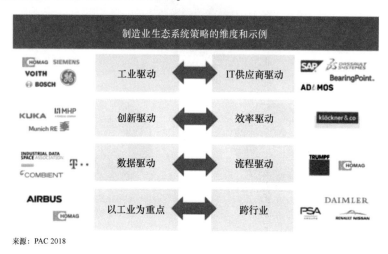

来源：PAC 2018

图 2.8　工业生产领域的企业数字化战略

■ 工业驱动 vs. IT 驱动的合作模式：专注于自身可持续竞争优势的制造企业正努力通过新的商业模式掌控工业领域。其中就包括福伊特（Voith）、豪迈（Homag）、西门子（Siemens）、通用电气（General Electric）和博世（Bosch）公司。ADAMOS 网络平台可以看作是 IT 驱动的合作模式的一个实例。它是由 Software AG 发起，德马吉、杜尔、蔡司和 ASM 等工业企业共同参与组成的战略联盟。其目标是为机械工程企业提供工业物联网平台。

■ 创新驱动 vs. 效率驱动的合作模式：前者的主要目的在于将各合作伙伴的能力拓展到更广阔的"舞台"上。库卡机器人（Kuka）、慕尼黑再保险公司（MunichRe）和曼合普（MHP）公司共同合作的智能工厂–服务模式就是一个很好的例子。其中，库卡公司开发了基于机器人的自动化生产概念，曼合普公司为整个制造体系的闭环提供了建议和系统集成，慕尼黑再保险公司则提供集成了风险和财务管理的商业模式。

Klöckner 是一家典型的效率驱动的公司，它专注于投资开发提高 B2B 流程效率的网络平台，是全球金属行业中最大的独立于制造商的贸易公司之一，它正在开发一个可以全自动处理供应商和客户之间订单流程的服务平台。

■ 由弗劳恩霍夫智能分析与信息系统研究所（IAIS）成立的国际数据空间

协会（IDSA）正是数据驱动的合作模式的实例，它提供了一个虚拟的数据空间。来自不同商业领域的数据可以在这个空间中安全地交互，并可以基于统一的标准进行映射。奥迪、拜耳、西门子、博世、Rewe 和全球国际货运代理（DB Schenker）等公司都参与其中。

流程驱动的典型实例有德国机器制造商通快（Trumpf）的服务平台 Axoom。

■ 以本行业为核心 vs. 跨行业的合作模式：智慧天空（Skywise）是坚持以行业为中心战略的例子，它为航空业提供了基于云的开放数据平台。它由空中客车（Airbus）公司发起，基于对大量运营数据的分析（人工智能数据分析由 Plantir 公司提供）以优化运营效率并减少延误，还提出了预测性维护的概念。

跨行业方式旨在改变特定目标群体的消费行为。例如，戴姆勒公司提出的 Car2Go 出行概念，它通过与公共交通服务供应商及汽车租赁公司的合作在城市地区提供了基于需求的出行方式。

对于那些以 IT 服务为中心的模式，虚拟化和云平台是非常重要的元素。物联网平台 Axoom 是图 2.9 所示的作用于工业领域的基于云的服务平台大家族中的一员。而针对最终客户、其他业务和 IT 领域还有很多其他实例。

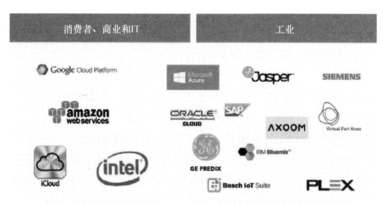

图 2.9　基于云的服务平台实例

通快通过其物联网服务平台集成了来自不同制造商的机器、其他产品和传感器等，此外，它还通过旗下的服务平台 Axoom 为机器终端用户提供基于大数据的服务。

7. 从机器制造商到服务供应商，最终形成市场生态

数字化转型的第一步就是基于选择的合作模式建立服务平台。制造企业都在转型成为服务供应商。诸如机器、运输系统、传感器之类的产品都会通过系统连接到物联网平台，并拥有基于大数据分析的服务，如状态监控、预测性维护等。平台、服务和连接方式并不一定完全由产品制造商提供。

下一步则是开发咨询和系统集成服务，如针对产品使用方式或应用环境的优化方案及特定客户的定制服务。

迈向整体服务商业模式的最后一步是将制造企业推向市场，将自己的产品和第三方产品及所有相关的服务业务和应用程序连接整合，就像 Klöckner 公司所做的那样。

2.1.1.2　中型企业

如本章开头所述，中小型企业面临着各自特定的障碍和挑战，其特点是定制化程度高，人机混合制造，但缺乏统一的标准，无法通过现有的技术实施方案来保证投资收益。另一方面，中型企业数字化转型存在以下局限：

- 较低的资本实力，即较少的财务资源。
- 有限的人力资源。

而在这种背景下，这些企业必须完成以下数字化任务：

- 招聘合适的人员。
- 确定切合实际的数字化需求。
- 制定数字化战略。
- 评估市场上可用的新技术的成本-效益比。
- 应对缺失或不一致的行业标准。

下面将会讨论其中部分要点。

1. 数字化战略

在企业决定开启自己的数字化转型之旅后，第一步通常是寻找合适的技术人才。对于中小型企业而言，这是一项巨大的挑战。因为与大型企业相比，它们常常缺乏适当的资源和技术基础。正如第 1 章中提到的，一些行业协会能够为其成员企业提供工业 4.0 及数字化相关的各个方面的专业知识，并组织特定工作组让成员企业之间或与业内专家有合作交流的机会。这些协会的另一个关注点是让其成员企业能在未来工业 4.0 的战略发展项目中拥有自己的一席之地。最后，创造公司与研发机构之间的合作机会也是它们的工作重点。

工业 4.0 还要求可以在整条价值链中的垂直和水平方向上持续获取所有相关数据。纵向一体化（垂直方向）意味着对从底层（操作间）到顶层的全部 IT 系统的集成，以形成一个完整的解决方案。另一方面，横向一体化（水平方向）则囊括了各流程步骤之间的 IT 系统的集成，并在其间形成商品流、物料流或信息流。

要完成以上两种形式的集成，不仅要求所有 IT 应用程序可以互联，而且需要来自不同企业领域的流程能够协作展开，其中所交换和处理的数据能够采用统一的格式。

在确定中型企业的数字化需求并制定相应的实施策略时，如何形成内部各部门（如销售、计划、生产、服务或财务控制等）之间及与外部元素（如供应商和客户）之间的连续数据流是最大的挑战之一。在与外部进行数据交换时，数据安全及知识产权保护又是不容小觑的附加挑战，而缺乏相应的法规与标准也会形成新的障碍。

2. 不足

中型企业的发展历程造成了它们的 IT 系统、机器和工厂设施水平良莠不齐。多年来针对各种供应商的不同的采购需求导致了大量独立的控制系统和 IT 程序，以及各种工作流程。缺乏兼容性是它们所面临的一个主要挑战，同时也是引入工业 4.0 应用的最大障碍之一。

为了提高兼容性并推动系统集成化发展，向全新的工业 4.0 技术转换是十分有意义的。但是，由于缺少统一的国际标准，这一进程总会遇到诸多阻碍，且最终未必能达到最初的目标。

在欧洲，通过 OPC UA 的开发确定了统一的方法；从世界的角度来看，这将会成为与客户、供应商实现全球互联的前提，也是充分发掘工业 4.0 潜力的基础。而对于中型企业而言，这与它们对于数字未来的投资收益息息相关。

到目前为止，中小型企业作为大型企业的供应商已经适应了后者的各种标准。但是通用标准的应用有助于中小型企业加入整个复杂的增值网络，并提高其市场占有率。

当然事实也已表明，只要正确采用数字化战略，中型企业同样可以应用最新的工业 4.0 程序，或自己大力开发新的工业 4.0 技术。如此级别的企业在某些工业 4.0 领域或技术层面担当先锋角色的实例并不罕见。

还有其他一些中小型企业正在建立新的数字化业务部门，开发特定的数字商业模式或向其客户提供数字服务。

2.1.1.3　小微型企业

在提到数字化转型时，我们常常会忽略小微型企业。通常意义来说，此类企业由其所有者或经理管理运营，且没有自己的 IT 部门。欧盟在其发展计划中，将员工人数少于 10 人且营业额或年度财务状况表不超过 200 万欧元的企业归类为小微型企业。

而员工人数少于 50 人且营业额或年度财务状况表不超过 1000 万欧元的企业被视为小型企业。在这些企业中，管理层的责任是评估市场上可用的工业 4.0 技术，并评估通过使用这些技术可以实现的潜在收益。但是，如何选择合适的工业 4.0 技术对于这些小微型企业来说常常是一个挑战。

缺乏 IT 部门和（或）合适的资源来进行数字化转型是这些企业所面临的根本障碍。此外，有限的财务资源也限制了企业的数字化发展。如此规模的企业几乎没有任何财务储备，而且常常会承接数量较少甚至单个零件的订单。但这正是可以充分发挥工业4.0潜力的领域。

这些企业及其管理层可以利用类似弗劳恩霍夫光电、系统技术和图像处理研究所（IOSB）推出的"KARLA：Weiterbildung für Fach-und Führungskräfte"（针对专家及经理人的进一步培训）咨询服务来帮助自己应对此类挑战。通过这样的服务，各个方向的专家会支持企业迈出走向数字化的第一步。如果相关的费用成本可以通过政府的发展计划减免，那么对于小微型企业来说这将是非常坚实的第一步。因为在笔者看来，诸如支持数字客户、订单获取的供应商平台及后续的订单处理功能（包括产品数据传输）都会给这些企业带去巨大的发展潜力。

2.1.2 实施方法

正确的实施方法对于实现工业4.0的重要性常常在企业中被低估。因此，在引入各种工业4.0应用和技术之后，人们会发现尽管付出了所有这些努力，但旧问题依旧存在。由此可见，数字化绝对不能局限在智能生产过程中；相反，如果只是出于技术原因的考量，机械化地逐条引入数字解决方案，是不可能达到预期的目标，并充分发掘工业4.0的经济潜力的。因此，如果子系统的优化或数字解决方案的实施不遵循企业的数字化战略，无法与更高级别的计划相协调，那么整体数字化系统将无法发挥其最大效能。数字化战略示例如图2.10所示。

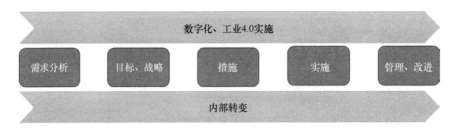

图2.10　数字化战略示例

对于企业而言，工业4.0的实施、生产相关的数字网络搭建及相应的企业流程变更构成了一项艰巨的挑战。这种数字化转型的成功很大程度上取决于方法，当然也与实际转换过程的设计组织有关。

1. 以实践为导向的方法

企业取得了实施工业4.0应用的第一手经验之后，会更清晰地意识到，生产的数字化转型将会是企业内部一个非常复杂且多层次的项目。下面将要介绍的方法已经证明了其在开发和实施工业4.0中的价值，而具体内容将在第4章中介绍。

2. 向工业 4.0 数字化转型的理想方法

(1) 制定数字化战略

1) 为企业设计数字化未来。提供哪些产品和服务，以及如何生产、销售和维护它们？为此必须做出哪些转变并引入什么新内容？

2) 企业的数字化战略必须正确描述其目标和发展路径，并将当前的发展需求、问题（痛点）及已知会遇到的挑战纳入考量范围。

3) 数字化战略必须囊括企业所有领域，对其整体进行数字化转型并确保工作透明度。

4) 数字化战略制定、启动和协调企业内部所有的数字化计划。

(2) 定义数字化计划

1) 数字化计划基于数字化战略，并支持企业内某一个子系统（如生产部门）的整体数字化转型。

2) 某一计划的实施必须与企业更高级别的数字化战略及其他并行的计划密切配合。

3) 数字化计划制定、启动和协调该计划内所有的数字化转型项目。

(3) 数字化项目

1) 作为数字化项目的一部分，数字化转型要求引入新的工业 4.0 技术或应用。

2) 除了 1) 中提到的技术转型，数字化项目也关注新流程的适应性和对组织架构的改进（人为变更管理）。

(4) 以数字化应用案例为基础实施　每个人都在谈论的模块化也可以在实施工业 4.0 的过程中发挥其优势。已有实例证明，对各个互为依托并相互影响的数字化模块进行整合，为数字化战略提供一个集成式的方案将实现可持续的增值。

3. 最佳转型过程

为了充分利用工业 4.0 无可争辩的经济潜力，企业需要一个符合规律，且经过验证的方法，也就是企业的"数字化指南"；或者换句话说，需要一个对所有参与者都有约束力的统一方法。最终，转型过程必须保证统一和透明，并得到企业尽可能广泛的支持。因此，在规划企业数字化转型和推广相应的工业 4.0 应用时，应鼓励员工带着自己的思考参与到上述数字化项目中，以开发或集成属于自己的解决方案为最高目标。组织头脑风暴和创意研讨会将员工从可行性的框架中解放出来，收集各种奇思妙想是很有帮助的。因为员工如果不能真正理解其含义，那么即使是最尖端的工业 4.0 技术也无法为企业带来收益。因此，数字化项目的成功并不主要取决于所使用的技术，而在于将来会使用这项技术的员工。因此，应尽早地让相关员工接触和参与到数字化转型中，让他们成为整个项目正向的推进力。

我们都知道一些基础项目的成果可以用"唾手可得"来形容，但在工业4.0的实施过程中，从一个相当简单的数字化项目或子项目开始，然后逐步接触更困难的主题是非常有意义的。没有什么比成功更能激励员工了，员工将拥有切实的参与感，而且这么做也可以减少企业的内部阻力。

如前所述，在数字化项目开始之初收集想法是非常有意义的；但是，在其具体实施过程中必须保持谨慎。以敏捷发开为例，在项目过程中会不断涌现新的想法或变更需求，而这可能导致项目偏离实际目标，进而转变为"创新型试验"。一旦确定了数字化项目的目标就必须有针对性地执行，因此可行性和可衡量性应是各个项目实施过程中的中心思想。

企业的数字化转型是一个连续的过程，通常需要持续数年之久。来自内部和外部的变更在此期间是不可避免的，针对已经完成的转换项目同样会出现新的见解，因此在数字化策略的设计中加入闭环反馈是十分重要的。这样既可以确认工业4.0应用的实施是否实现了预期的目标；又可以在未取得成功或仅取得部分成功的情况下，有助于确定新的解决方案。通过这种方式获得的经验也会对后续的数字化策略产生影响。

4. 实现流程改进

数据的质量及其体现的差异性是十分重要的。如果从分析中可以得出它们的模式或内在联系，就常常能为改进流程提供有价值的信息。"智能数据"的使用这一概念并不仅仅是提供IT行业所需的超大量数据集（如机器搭载的传感器数据），还涉及与其他信息的融合，如技术人员的经验或已知的材料特性等。这种巧妙的使用方式能够帮助中型企业从其数据中获得有价值的知识。

预测性维护（predictive maintenance）就是一个非常典型的例子。其作用是预防性地计划机器的维护时间，最大限度减少停机中断，其最佳工况是准确预测即将发生的故障。尽管以上这些优点早已为人所知，中小型企业仍然很难判断诸如预测性维护之类的大数据应用是否值得投资。此外，大多数这种规模的企业缺少推进智能数据项目的资金和技术支持。

2.1.3 工业部门/领域

几乎可以在所有行业中找到推广数字化应用的机会。与过去一样，汽车行业在这一方面依旧是急先锋。伴随着电驱动、互联驾乘及共享出行等概念的发展，整个行业正发生着巨大变化。数字化及其相关的柔性生产是应对这些挑战的必要手段。工业4.0与工业物联网的原理和技术可用于新一代车辆所需的新生产系统。这不仅对工厂机器和系统的供应商产生了直接影响，也对整车零部件供应商造成了冲击。因此，我们可以看到在汽车及机械制造领域已经有了很

多工业 4.0 和数字化转型的成功案例。（参考第 1 章中 VDMA 部分）

另一个朝着工业 4.0 目标大步向前的行业则是电气/机电行业。凭借其创新产品，它们为工业 4.0 提供了物理基础（硬件支持），并因此成为推动数字化转型的重要驱动力。（参考第 1 章中 ZVEI 部分）

在过去已经实现高度自动化的制药、食品和化学工业现在则更多地关注大数据这一主题。它们希望实现贯穿全部生产步骤的数据追踪，使用数据分析和失效分析（root cause analysis）来更深入地理解生产过程，并确保其安全性。

在农业领域，支持"智能农业"的云平台正在开拓自己的道路。连接到云端的农业机械不仅可以记录有关自身的状态数据，还用于采集土壤与环境条件等相关数据。这些数据将配合其他信息（如气象数据）最终形成有关种植、收获或维修农业机械的决策依据。

2.1.4　总结

总而言之，工业 4.0 的实施所面临的挑战与阻碍均受到诸多因素的影响。本章将对其中部分内容做进一步的讨论。但重要的是在确定企业数字化需求并由此制定数字化战略时，对上述因素有一个清晰的认识，且给予必要的重视。因为对任意一个因素的忽视都可能危及数字化战略的成功实施。

此外还有以下两方面需要注意：

一方面，企业内正确的组织架构可以助力数字化转型。正如前面已经提到的，由于数字化进程要求部门间进行流程匹配、系统集成和数据交换，因此跨部门的敏捷型架构更为理想。而传统的筒仓式结构往往会成为成功路上的绊脚石。

另一方面，企业需要对工业 4.0 和数字化有一个明确的定位。成熟度测试或技术对标两者都是可用的评估方法。笔者认为，确认企业的数字化需求和制定恰当的基础数字化战略是十分重要的。它们都可以作为后续定位分析、标准评估和目标实现的"坐标原点"。图 2.11 给出了一个简单的数字化成熟度评估示例。

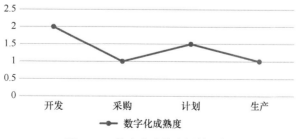

图 2.11　数字化成熟度评估示例

使用适当的关键性数据可以确定相关增值领域的成熟度。这就引出了关于数字化的下一个方面，即业务流程。

2.2 数字化和业务流程

借助业务流程模型可以形成信息流、货物流（包括能源流）及供应商和最终客户之间的价值流。技术是整套流程的动力源，而组织架构则为流程的执行提供了行政、法律和经济框架。

流程数字化的重点之一是在计划、调节、执行和监控之间建立集成式的信息闭环，通过反馈信息还可以实现针对流程的短期修正。这不仅适用于内部生产流程，还适用于供应商与最终客户之间的整条供应链。因此，数字化方法可通过对数据的实时记录和处理来改进流程。

一套更优秀、更透明的流程往往能给企业内部带去积极的影响；而企业外部的影响空间也可以在此基础上根据波特模型进行进一步的讨论。

1. 业务流程模型

业务流程将客户及和客户的关系置于企业计划和行动的中心。其自身由跨职能和跨组织的统一行动组成，以向客户提供服务。每一段流程都包括需求、输入、工作步骤、成果（输出）、一位负责人和一个目标对象。它可以用来服务内、外部客户，也适用于企业自身的供应商。流程导向对企业的组织架构也有影响，两者通过角色分配与授权模型联系起来。

业务流程管理用于确保流程定义与企业目标或战略保持一致。流程的组织、管理、控制及信息价值流（原材料、能源、信息）的持续改进（KVP）是整套管理体系基石，集成业务流程管理模型的内部视角如图 2.12 所示。

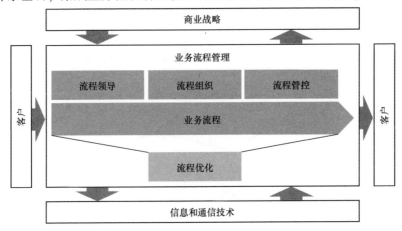

图 2.12 集成业务流程管理模型的内部视角

制造企业可以在业务流程层面区分各种订单及生产类型。通过与客户或供应商的合作模式来确定自身战略要点，如增值范围、价格和数据主导权、技术优势等。

2. 制造企业的增值类型

业务流程模型由企业的战略决定。根据生产系统的不同，它们可以有如下区分：

■ 基于生产类型，也就是根据产品的生产类型及数量，单件、种类、系列或批量生产。

■ 基于组织类型，独立车间、工作组或流水线生产。

在汽车行业中还有一个特例，即大规模定制。根据客户的订单——面向订单设计（ETO）——单独批量生产对应的产品。供应商会在产品开发阶段的早期就参与进来，并贯穿整个产品增值过程。他们必须在技术和组织架构方面具备必要的能力，并在其中承担大量的责任。其他的生产类型将在第 3 章中进行描述。

客户和供应商的交互点会影响相应流程阶段的内容、时间、技术和组织架构，生产类型与交互点如图 2.13 所示。

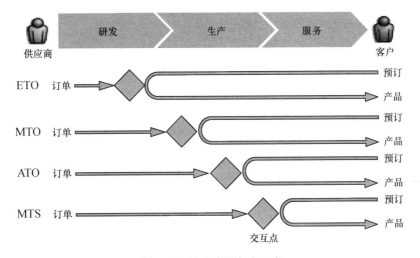

图 2.13　生产类型与交互点

相关信息的格式、交互结构、依赖工具和使用资格都由此确定。

由于市场对于柔性生产的需求逐步提高，企业适应不同类型的生产与合作的能力也随着产品多样性及附加值的增加而显得越来越重要。这对整套流程提出了改进要求，从计划到执行，包括流程控制都需要更安全、更灵活、更有效。

业务流程管理的目标就是长久的业务绩效提升，有针对性地创建、交付和

（可持续地）保证客户收益。为此，必须将生产中所必需的核心流程（如制造、装配和物流等）绑定在业务流程管理中，并使用适当的技术和方法实施。

核心或主要流程需根据其对企业战略目标的价值贡献进行分类，并且相互之间存在依赖关系。图 2.14 所示为制造企业的流程图。

图 2.14　制造企业的流程图

- 第一层：核心、生产和辅助流程，如生产本身。
- 第二层：变型流程或子流程，如生产计划。
- 第三层：流程链中的具体步骤，如详细的生产计划。
- 第四层：对事件驱动的流程链的具体描述，包括生产元素与执行步骤，如活动计划。

基于角色模型，流程层级的确定涉及执行方的责任与能力，并以此与组织架构相互关联。除了流程输入和输出，还需要定义角色分配、参与者及流程对象。从数字化的角度来看，最终的执行人可以是工作人员、传统系统、机器或智能系统（CPS）。

通过业务流程模型可以确定所需的流程组织、流程目标（产品或服务）及所需的（生产）基础设施。这些元素在之后介绍的流程模型中用于开发数字化用例。

参考模型或成熟度模型可以用于流程结构分析及流程的改进或重新设计，它们可以为用户提供最佳的解决方案。此外，这些模型不仅满足国家和国际相关协会，如 VDI（德国工程师协会）或 VDA 给出的建议和指导方针，还符合相关法规标准的要求。ISO/IATF 16949《汽车质量管理体系标准》就是一个很好的例子（图 2.15）。

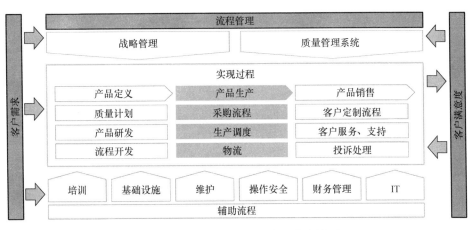

图 2.15 ISO/IATF 16949 流程参考模型

在此模型中，将采购流程、生产调度和物流整合为整体流程中的中间步骤，并定义为"产品制造"项。而在支持流程项中，则列出了类似 IT、基础设施和维护等各小项。模型中的每一项都需要定义相关的检查清单和 KPI（关键绩效指标）。

汽车行业的供应商可以使用此过程参考模型来开发其增值过程，从而在交付质量方面满足相关协会提出的成熟度要求。

另一个例子是国际供应链理事会（SCC）提出的"供应链运作参考流程模型"（SCOR®）。它用于设计、描述、分析和评估企业内、外部的供应链。

3. 流程控制、生产管理（运营管理）

在盎格鲁–撒克逊文献中将欧洲产品经济的对立面称为运营管理。来自日本的丰田生产系统是最著名的方法之一。"运营管理"这一概念指在生产领域中应用数学方法。为此，欧洲人对生产系统进行了正式定义，并建立了关于生产与成本的整体理论框架。

根据维基百科，生产管理目标一方面应以目标协议的方式向管理层提供评估标准；另一方面则有助于使各个子目标与其共同的总目标保持一致。生产管理目标可以进行如下区分：

- 生产计划内产品的具体企业目标。
- 由投入产出关系组成的正式目标，它又可以细分为以下几点。
  - 技术目标，如生产力；经济目标，如利润、可营利性或营业额。
  - 社会目标，如员工健康或工作岗位总量。
  - 生态目标，如满足废弃物排放或材料回收率要求。

从上述目标中又可以推导出更多的具体实施目标，如最低的生产成本、生产时间，保证交期和交付可靠性，零件总数量和质量目标等。

4. 流程模型与辅助功能

在增值过程中，对于技术上可行且经济上合理的辅助功能的定义代表着数字化可能带来的潜在提升，这一点会在第4章进行讨论。

而其核心在于通过对参与者（包括员工、机器、机器人或程序）的活动进行分析，以此来确定信息流、物料流或能量流自动化的可能性。在数据采集和处理领域中，新技术的应用可以使应用程序（用例）实现自适应控制和优化。引入数据分析相关的数学模型及机器学习等算法能够将生产相关的全部学科纳入考量，如采购、物流、存储、制造、装配等，在此基础上运营，可以提高目标绩效。

因此，生产对象、生产流程和生产基础设施等要素被视为数字化的杠杆。来自信息和通信技术及运营技术领域的新产品旨在带来全新的解决方案。

图2.16所示为一份数字化用例流程图的节选。针对其中的子功能定义了ERP功能组和MES用例。这些用例在信息对象的帮助下与底层车间的具体工作步骤相连接，其目的在于使信息流和物料流得以彼此同步。通过选择正确的技术实现用例的功能，并使之成为整个服务体系架构中的基石。其中作为参与者的是员工或程序。

数字化的目的在于将技术上可行且经济上合理的功能块尽可能地与实际车间相结合，以提高信息传递效率和缩短响应时间。来自机器、传感器等的数据被上传到物联网平台并进行处理，其结果直接或通过应用程序间接反馈到生产过程中去。

使用新的OT解决方案可以重新设计生产布局，并通过合适的交互接口改进人机协作。精益原则（lean principle）和价值流设计也可以通过新的数字化方法得以更好地实施。

车间和业务应用程序之间的通信层是所有信息和控制循环的重要"枢纽"。其所需协议、网关和接口的可用性是性能实现的前提。订单和计划/资源数据则由业务层提供，来自车间的反馈信息则用于生产过程中的实际/计划比较，并实时采取纠正措施。系统主动优化和"自学习"可以通过在计划和控制模块中使用数学方法及算法来实现。

5. 增值链中的数字化

除了内部增值链，在确认数字化的可能性时还必须考虑与客户或供应商之间的外部关系。增值链中任意节点的行为都可能影响所有参与人员的行动，并改变相互之间的权力结构。具体请参见生产类型的相互作用点。

工业增值链中的角色划分可能会因为行业和商业模式而异，图2.17所示为集成式供应链的简化模型。

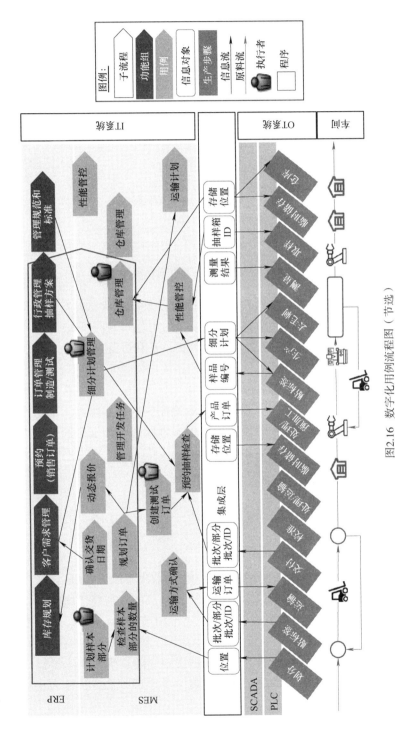

图2.16 数字化用例流程图（节选）

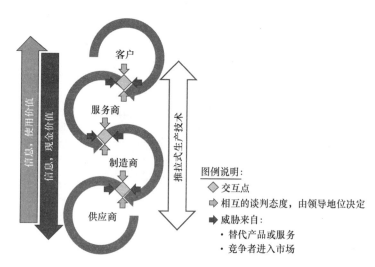

图 2.17　集成式供应链的简化模型

供应链的经济价值在增值过程中的各个阶段形成，从原材料到组件再到最终产品及其相应的服务。这其中需要相互衔接的角色如下：

- 服务供应商作为信息、系统和服务的提供者和运营者。
- 制造商则为服务供应商提供设备和产品及相关服务。
- 供应商为制造商提供产品和服务。

每个交互点都需要技术支持或形成技术交流。根据实际技术的可用性，理论上，信息流、价值流的各个阶段都可以选择性跳过。相互之间的权力结构则会因领导力（leadership）因素的不同而变化，其可以区分为以下不同类别：

- 市场、行业、客户。
- 技术、价格、质量。
- 业务或服务模式。
- 对增值链的把控。
- 工业平台、市场的所有方。

在每个交互点上，其对后续增值阶段的影响取决于以下方面：

- 由"领导力"或竞争力（独家产品）而形成的谈判/权力地位。
- 替代产品/服务及新竞争对手的潜在"市场进入"（客户、项目准入）将带来的威胁。

交互点代表了企业内、外部活动领域的接口。随着现代技术多样性及重要性（信息和通信技术不断推动技术融合发展）的不断提高，迄今为止的全球化或竞争保护机制正在被打破。

供应链成功运行的前提是具有出色的经济效率、响应时间和质量，可以灵活地应对不断变化的客户需求。数字化作为工业 4.0 的基础，旨在有针对性地使用智能信息和通信技术使数据的应用更加灵活，并不断优化增值过程。

这意味着大部分重复性活动和流程将进一步实现自动化。为了提高生产率，必须参考最优的信息流与物料流，明确哪些流程需要手动完成，而哪些部分则应尽可能地实现自动化（如生产、装配与运输等）。最重要的是，新技术为规划、控制和优化领域带来了改进空间。

通过引入新的智能 IT/OT 功能模块，增值过程中的各个关键步骤将比以前更快地实现自动化，并在自适应管理/控制方面展现前所未有的活力。因此，结合所有参与者（人员、机器、系统）的角色定义，可以改进工作模式。

2.3　应用数字化（IT）

每段业务流程都需要合适的组织和基础设施架构支持。因此，当我们讨论企业架构（enterprise architecture）时，总是从业务流程管理及信息和通信技术出发。

企业架构描述了以下要素：
- 信息和通信技术相关的要素。
- 企业业务活动相关的要素（增值过程、产品、服务）。

相较之下，应用体系架构（application architecture）则描述了信息和通信技术在企业内所扮演的角色及所发挥的功能，其目的在于：
- 为企业日常业务及技术的变革和发展提供最佳支持。
- 确定技术变革的影响，并分析企业的潜在优势，如通过数字化转型。

在定义企业架构时，企业会使用基于参考模型的适应性框架。基于普适的或在某些行业内行之有效的原理、假设和术语，它们为后续工作提供了一个原点，并促进了与企业架构相关的合作和沟通。RAMI 4.0 及开放组体系结构框架（ToGAF）都是很好的示例，如图 2.18 所示。

以 ToGAF 为例，提出了适应体系结构范围和体系结构集成的 ADM 周期（体系结构开发方法）。此方法用于开发和管理全生命周期内的企业体系结构，即根据图 2.18 所示的阶段模型获取业务需求，并将其和与对应 IT 需求同步。

企业流程模型和 IT 架构需要根据企业战略及企业架构开发的结果来确定。为了使流程更加灵活，需要定义用例，并配以功能模块。这一过程有以下两种基本操作模式。
- 自上而下：根据商业模式和运营模式对 IT/OT 提出需求，IT/OT 架构遵循业务架构。

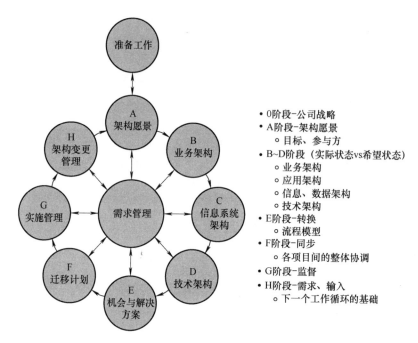

图 2.18　开放组体系结构框架的 ADM 周期及具体内容

■ 自下而上：生产流程中的功能要求决定了业务架构，而该架构遵循 IT/OT 架构。

在架构重新设计的过程中，通常使用自上而下的方法，并从战略目标、架构规划和流程设计开始。用例则在业务应用层（business layer）定义，并且不考虑现有技术带来的限制。

而当涉及生产层面的数字化方法时，通常会用到自下而上的方法。每一个用例都是根据特定需求定义的，且必须在评估和设计后加以实施，并能够集成到现有的架构和流程中去。

1. IT/OT 架构模型

生产制造企业中主流的分层体系架构遵循层级维度模型（也称"自动化金字塔"），如符合 ISA 95（DIN EN 62264）标准的架构模型，并对各个不同系统级别进行了区分，如图 2.19 所示。

系统功能的层级结构用于定位应用程序和定义接口。相应地定义了用于开发、计划、管理和物流的应用程序级别——层级 4；用于制造加工管理的级别——层级 3；用于加工控制的级别——层级 2 及与物理车间相关联的层级 1。

■ 从系统技术来看，层级 1 和层级 2 依靠其执行系统和相关联的机器及设备，如 SCADA 和 PLC，覆盖了整个实际生产过程。

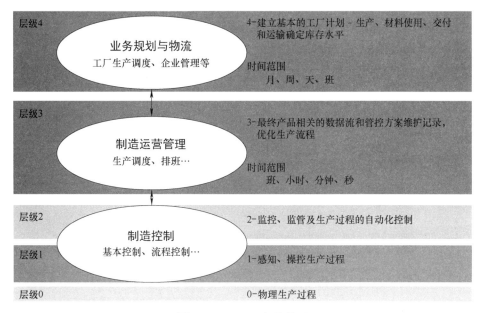

图 2.19　ISA 95 架构模型

■ 而在层级结构的另一端——层级 4 通常是 ERP 系统所关注的领域，如原材料、能源和人力管理及执行长期的生产计划。

■ 层级 3 的重点在于原材料的使用和能耗记录，以及详细的生产计划。MES系统往往会在此得以应用。

层级 0~2 之间的数据传输是实时的，而层级 3 和层级 4 之间的信息传递则受商务交易控制。为此，对应且合适的协议和接口定义是必须的。对整体信息传输的速度及效率影响最大的是层级 2 和层级 3 之间的区域。

基于这个模型，为了形成整体的调控闭环就必须做到信息在各个层级之间均可双向传输。来自 ERP 的计划数据（如生产订单）必须经过 MES 系统传输至车间。终端数据（反馈信息，如完成度、时间和材料消耗等）必须从现场回传至上层。不同类型的数据常常在请求与响应之间跨越不同的层级，而其中所使用的的协议和传输的数据量是决定响应时间的关键因素。

ISA 95 中的定义框架将重点放在层级 2 和层级 3 之间的区域，以此来缩小业务流程和生产流程之间的鸿沟。这是至关重要的，因为业务和管理系统有着各自不同的功能和组织任务。生产层级需要与实际订单同步的生产数据，而业务层级则面向中、长期的合作机会。

ISA 95 在层级模型的基础上定义了功能和数据流，在"传递区"对跨层级信息进行分类，并形成特定的可操作对象。该标准一共提供了 9 种不同模型中的五十多个对象。

2. SCADA（数据采集与监视控制）系统

数据采集与监视控制系统在前面所介绍的层级体系中创建了机器监控和MES 系统之间的连接，SCADA 在层级模型中的位置如图 2.20 所示。

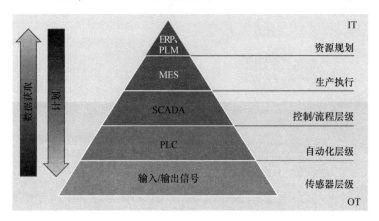

图 2.20　SCADA 在层级模型中的位置

它们用于管理自动化层面（OT）的通信，由以下模块/功能区组成。

■ 显示单元：用于过程的图形可视化，包括屏显状态和警报消息。操作员可以随时通过 SCADA 系统的用户界面（GUI）输入控制指令，实时影响过程。

■ 控制单元：用于将远程终端单元（RTU）连接到 SCADA 系统。控制单元将实时、低延迟的数据传入 SCADA 系统。

■ 远程终端：这些单元通常布置在受控生产过程的现场。它们可以将一个或多个设备（传感器或执行器）连接到 PLC（可编程逻辑控制单元）。

■ 通信连接：用于现场总线系统的连接（OPC-UA、EthernetIP、WIFI、无线电链路等）。

随着全新架构的成长，如物联网和新的服务模型，这种层级结构正逐渐淡出大众视野。

3. 物联网和云的应用

随着物联网和云解决方案的引入，基于 IT／OT 系统的传统层级模型正逐渐被取代。车间中的许多设备，如机器、运输系统、传感器和摄像机都可以直接连接到平台，并借助网关将信息上传。

各种服务型应用可以预处理和分析不同类型的数据，并进行存储以备进一步处理。在这些服务的基础上还可以实现部分特定需求，如预测性维护。

物联网平台提供管理、数据存储和数据连接的基本服务。此外，用户还可以从云端以 Web 服务的形式享受更进一步的处理服务，也可以借助开发工具

（应用程序开发套件，ADK）进行自主研发。

但是，在物联网平台的应用中还有以下两点需要注意：

■ 仍然需要借助业务应用程序（MES、SCADA）对生产过程的计划和控制进行干预。

■ 实时服务及功能模块仍需在车间内部（本地部署）完成。

SCADA 系统越来越多地支持工业物联网协议。部分 SCADA 系统已经为此完成了基本架构的搭建。IT 协议族中的子协议 MQTT、HTTP2 或 Kafka 都可以在传感器和 SCADA 系统之间建立数据连接。

已广泛应用的用户界面 SCADA 并不会因为 IIoT 平台的使用而被取代，反而会得到进一步的扩展。各式传感器将为 SCADA 系统提供更多的信息，以实现部分车间/现场的诊断功能。

如 RAMI 4.0 所述，生产流程中的每一个组件都应在互联网中有其特定的管理"编号"。这一问题可以通过统一的协议及与相关平台互联得到解决。

针对物联网，我们又可以有如下区分：

■ 消费者物联网：实用产品的联网（车间机器、家用冰箱）。

■ 工业物联网（IIoT）：工厂中产品、设备和机器的互联。

图 2.21 所示为生产与服务场景下的物联网。

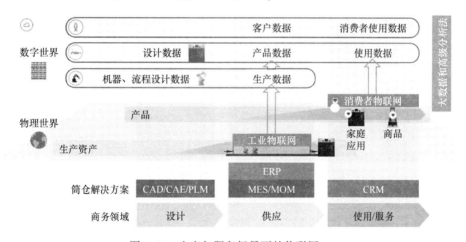

图 2.21　生产与服务场景下的物联网

根据图 2.21 所示的概念图，在"供应"这一环节中，数据通过工业物联网平台形成车间的数字孪生：

■ 机器数据（生产数据）可反映在产品数据（机器、布局、工艺）上，并确定与工艺规范的偏差。

■ 产品数据（制造数据）反映在产品设计上，并确定与设计规格的偏差。

■ 用户数据则在"使用/服务"这一环节中进行记录，并与预设的目标进行比较。这一过程可能得出后续改进产品或流程的有效信息，后续服务和维修方案也可以基于此类信息完善。

总而言之，借助工业物联网应用可以实现如下目标：

■ 信息物理生产系统（CPPS）。

■ 来自车间/现场的反馈（如运行状态）可以直接由设备上传到平台，进行分析处理并最终带动业务层级做出反应。

■ 可以建立面向服务的架构；应用集成式的服务/运营模型；提供基于大数据的服务。

■ 生产商、服务供应商和机器供应商之间形成了新的、更灵活的合作模式。

■ 移动端应用及可视化应用的实现，如增强/虚拟现实。

4. 应用边缘计算的数据预处理

在新的系统体系架构中使用边缘计算来加速信息的传输和处理，带有边缘计算的通用物联网架构如图2.22所示。

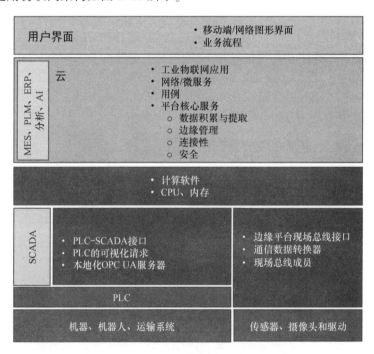

图2.22　带有边缘计算的通用物联网架构

边缘计算组件是物联网架构的一部分，用于对通过网关传输的来自PLC或传感器的数据进行预处理。远程终端单元（RTU）则是作为机器控制器和边缘设备之间的接口和可视化组件。在图2.23的实例中包含了SCADA的应用程序。

边缘模块由带有 CPU 的硬件设备（工业 PC）、存储器和可远程维护的软件组成。整个系统可以对数据流进行过滤，对信息进行预处理，并加快其向处理层级流动的速度。这些方面对于与云平台相关的实时性应用极为重要。流程模型和用例被布置在平台内，为其他应用程序提供数据支持。而平台的中央数据源则是我们常说的"数据湖"，一个集中且可扩展的数据库系统。

图 2.23 所示为一张基于 SAP（企业管理系列软件）的物联网平台概念图。

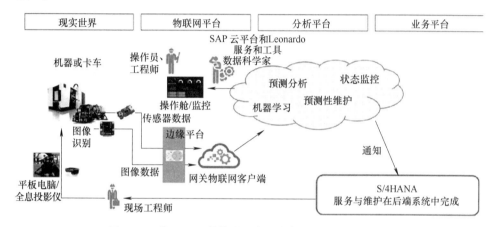

图 2.23　基于 SAP 的物联网应用实例（带有边缘计算）

在图 2.23 中，传感器和摄像头对车间/现场进行数据记录，并上传到边缘设备。之后对数据进行预处理（过滤、评估），再通过网关传输到物联网平台实现监视、分析或维护等服务，或直接通过移动端设备提供给客户。

数据分析结果被传输到业务平台，车间的联网设备下载后以图像的形式展现给操作员。根据平台给出的信息、评估值和建议，相关人员可以在生产计划和控制上采取相对应的措施。

诸如维护和维修之类的外部服务在这个实例中由后台系统（ERP）组织完成。相关的维护人员可有针对性地提出需求，并通过移动设备获得数字化指导。

对用于生产的集成式 IT/OT 架构的最关键需求可总结如下：

- 对所有产品的系统开放性，即插即用的概念。
- 支持所需的接口、协议/标准。
- 保证业务应用程序、自动化技术、机器、运输系统、仓储和工作站（及组件）之间的连接兼容性。
- 提供灵活的操作和维护模型。
- 与常见工业平台（物联网、云）之间良好的兼容性。
- 保证数据/访问的安全性。

■ 满足用户友好性、可维护性、可拓展性、可适配性和经济性等方面的要求。

在这种情况下，最主要的挑战和障碍有以下几点：

■ 为每个生产系统创建合适的 IT/OT 架构模型。

■ 设计的重点在于业务应用与生产之间的连接。

■ 对于信息流的改善；纠正干预、机器学习和预测功能（prediction）等可能性方案被设计成模块化的数字化用例。

■ 物联网和云端使信息物理生产系统的搭建成为可能。

■ 目前所有生产对象和服务模块的兼容性尚不满足工业用途。当前的状况是仅能实现部分解决方案，总体而言其收益无法令人信服。

2.4 生产基础设施的数字化

如前所述，业务流程受到基础设施架构的很大影响，无论是 IT 版图的构建还是实际生产设施的组合。企业的数字化进程给这两个方面都带去了翻天覆地的变化。

2.4.1 生产设备

随着工业 4.0 的发展，客户定制化的产品生产量不断增多，同时表现出批量减小，变型产品增加，且生命周期缩短的特点。因此，企业的基础设施面临着前所未有的挑战。为了在不久的将来仍能保持竞争力，它们必须克服这些挑战。

1. 动态化

应对这些挑战的方法之一就是通过系统工程措施来提高生产基础设施的灵活性，但实现这一目标的前提则需要 IT 技术来完成。在生产过程中动态地更改生产配置或修改参数，即无须停止机器和手动重新配置就能精准完成单独步骤的逐条执行和特定产品的设定。要生产产品相关的信息要通过电子说明文档（订单数据/数字孪生）的形式传输到相关工序的机器或工作站，动态设定参数的过程如图 2.24 所示。

实现动态化的最大障碍存在于两个方面。其一是对现有机器或系统的集成，它们中大多数通常没有或仅配备了有限的通信接口；其二则是其余机器缺少足够的自动化程度。除了以上事实，不同制造商的机器和系统之间还缺乏统一的通信标准，这都使实现动态化变得更加困难，不仅提高了所需的投入资金，也降低了经济收益。

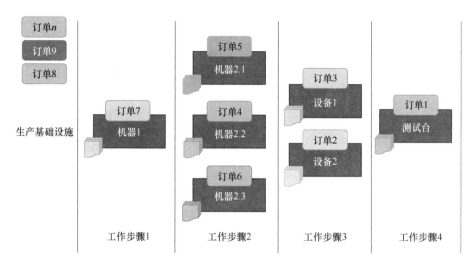

图 2.24 动态设定参数的过程

2. 用户界面

针对小批量或单件生产的变型产品之间的动态切换往往需要手工操作，或仍需在非全自动机器上完成，这就需要对操作员同样提供动态指导。与该工序相关产品的全部信息必须以详细且易于理解的形式呈现，如通过 3D 动画序列（图 2.25 和图 2.26）。

过去，用户界面并不能为生产流程提供最佳的支持。随着工业 4.0 的实施，这一点必须从根本上改变。在此过程中有以下挑战：界面必须尽可能地适应用户需求，并且随着越来越多移动设备的使用，满足多服务集成和多浏览器功能越来越多的要求。

为了保证更好地支持生产流程，用户界面必须直观且保持尽可能少的用户输入。

3. 模块化

针对变化的需求或不断缩短的产品生命周期及随之而来的新产品的引入，如何才能快速地做出反应？这一挑战要求企业在规划、实施或选择基础生产设施等方面同样引入新的概念。在这种情况下，将生产基础架构模块化，形成一个个单独的生产单元，之后按需求将其有序连接，如图 2.27 所示。将单元模块的功能描述和软件相关的产品/生产相关的配置相结合能形成有效的解决方案，可以灵活地针对不断变化的需求或客户及市场状况做出反应。但各生产模块可能来自不同的供应商，因此这又对供应商之间的交流及标准化带来了挑战。

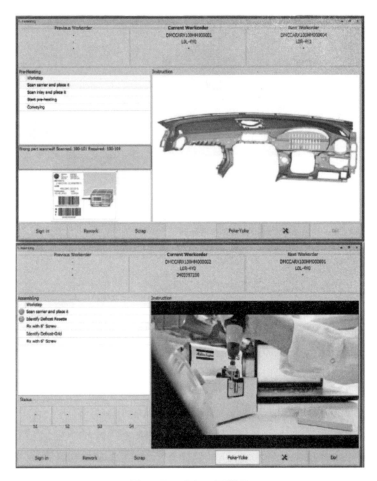

图 2.25　动态工厂管理

图 2.26　制造流程中为工人提供支持

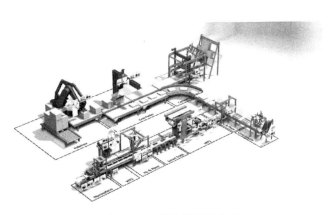

图 2.27　模块化制造技术

4. 互联和网络连接

类似按订单生产（MTO）的基于需求的生产模式要求在零部件预生产和最终装配工序之间建立更紧密的交互和联系。理想情况下，客户订单不仅会生成最终组装的生产订单，还会生成上游零件的生产订单，如图 2.28 所示。反过来，这也会对可用性及依赖性带来进一步的挑战。就可用性而言，必须确保在类似预制失败的情况发生时，整个生产流程不会中断。而在重新安排生产订单或安排高优先级生产订单时，必须考虑其对时间和空间的依赖性，并在数字化的前提下提出更先进的解决方案。

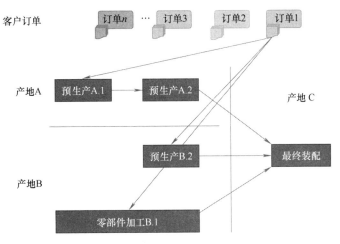

图 2.28　互联化生产

5. 拓扑结构

引入工业 4.0 的另一个挑战是实现高度灵活的生产，无须严格的生产计划及固定的生产线形式的连接。将生产线分解成工作站和生产孤岛不仅带来了更大的生产灵活性，而且可以防止一台机器出现故障导致整条生产线停产的现象。当然，这其中还有很多方面需要考虑，如各个工作站之间的智能运输系统或同类产品相关机器和设备之间的兼容性，如图 2.29 所示。

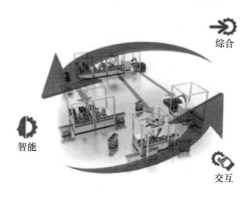

图 2.29　未来生产

6. 内部物流

正如已经提到的关于生产基础设施拓扑结构变化的问题一样，工业 4.0 高度灵活的新生产概念也需要新的智能运输系统的支持，这样才能在各个工作站之间或整个工厂内部实现订单流转，如从仓库到生产准备区的订单或生产结束后，中间件或产品再入库的订单。其智能性体现在相邻工作站之间最佳路线的规划决策算法。

现有的解决方案是包括所有情况的最大化决策树模型。它可以基于预设参数并根据实际运行情况做出判断。其挑战在于应用人工智能创建一个真正的监督学习系统，无人化的传输系统如图 2.30 所示。

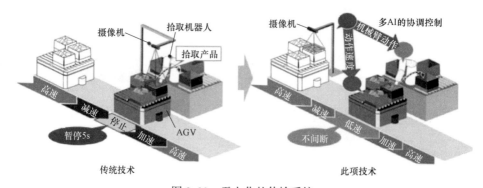

图 2.30　无人化的传输系统

7. 数字孪生

越来越短的产品生命周期要求更快的生产系统规划及更短的投产周期。机器和设备以数字孪生的形式进行数字化。企业内部不断提高的联网程度及对运行、管理数据的记录都为产品带来了新的可能性，包括仿真模型的搭建和虚拟场景的模拟。其结果就是完全在数字领域完成新产品的调试和发布，并在此阶段就成功识别和纠正物理实施过程中可能出现的任何问题。

在实际运行过程中，可以将生产系统中的实时数据与仿真模型进行比较，以检测分析任何异常情况。这不仅可以识别和纠正物理系统出现的偏差行为，还可以持续优化仿真模型。它既可以支持设备规划，也可以用于产品开发、物流计划和质量保证等方面。

数字孪生暂时仅适用于较新的机器或系统，这就带来了一项新的挑战：对现有系统进行数字化改造，需要配备合适的传感器以便记录所需的运行和状态数据。

另一个挑战则是对仿真模型本身的成本-效益定义。成本取决于仿真模型的细致程度；而效益则由最终实现的结果确定。仿真模型可以应用于针对交货时间和数量的过程优化、生产线改进或替代方案的评估，以及避免陷入商业僵局。

如果生产过程中有工人参与，那么在数字孪生中也一定要包含所谓的人员模型以模拟分析他们的运动轨迹和负载情况。

2.4.2 运营技术（OT）架构

如今的制造企业主要采用整体式的 IT 应用架构，而数字化转型和工业 4.0 的推广力求将这种格局转变为面向服务的体系架构。因此，必须为以下所列的几项挑战找到解决方案。

1. 多平台架构

顾名思义，多平台架构就是对多个相互关联的平台进行组合。当然，其中也有很多需要考量的方面，如利用实时功能对突发事件做出快速反应；通过内部部署和公共解决方案之间的划分确定数据的可用性和安全性。

即使原来的 IT 架构发生了变化，ISA 95 中所描述的各个层级仍可以得到保留。因此，传感器和执行器依旧位于层级 0。而现如今，在这一层级上也已显现出十分明显的改变趋势：越来越多的智能设备将不再简单地记录某一项数值，而会提供整套的数据集并完成对应的预处理工作，多平台架构如图 2.31 所示。

2. 微服务

为了确保功能在多平台架构上能够满足需求并以最佳的方式得到应用，将来会将这些功能封装在微服务（单元）中。这提供了彼此独立进一步开发功能的优势，并且可以根据生产需要选择实际需要的微服务或功能。但这种离散分布的架构也会在兼容性、可用性和数据存储的复杂性方面带来挑战。

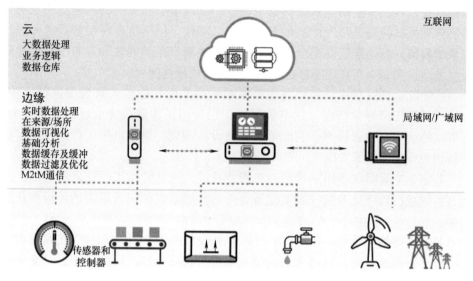

图 2.31　多平台架构

3. 数据存储

生产数字化和工业 4.0 的重要基石就是产品全生命周期内的数据收集和使用，生产过程中的每一台机器或系统自身又是一个可以提供运行和状态数据的信息物理系统。随着所记录的机器数据增加，数据存储将是一个无法回避的问题。通常，这个问题可以概括为集中存储还是离散存储，又或者，数据应该以结构化的还是非结构化的方式存储在所谓的数据湖中？而就上面提到的微服务而言，每个微服务（单元）都应该具有自己独立的数据存储或中央存储的访问权。因此，我们所面临的挑战是：必须在何时向谁提供哪些数据，明确对方需要何种精度的数据，以及数据交换速率是多少。

4. 接口和通信

制造系统的全方位联网，无论是纵向上从车间到云端的工业 4.0 应用程序，还是各个机器之间的横向连接，都需要能够适配不同供应商的统一接口及可用的通信协议。机器端带来的挑战，如实时传输大量的数据或短时间内通过更高的数据层级进行远距离传输，都必须被解决。因此，通用的或使用普适语义描述的接口是必不可少的。通信需求本身由需要执行的任务，物理车间到云端的数据使用要求，以及传输的时间特点（实时、快速或批处理）决定。数据传输如图 2.32 所示。

5. 响应时间

响应时间也是全方位联网所面临的一项挑战，这通常会影响生产线的节奏时间。这其中各种不同因素（某些已经提及）都起着重要作用。一方面，这受通信双方的相互位置影响；车间内的 M2M 通信自然比跨平台的通信响应更快。另一方面，如果通信节点之间还存在数据转换，则会产生额外的延迟。此外，同步或异步通信也会影响响应时间。

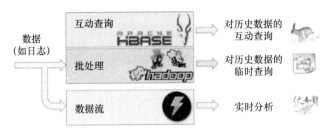

图 2.32　数据传输

6. 可用性和可靠性

本书所描述的数字化、工业 4.0 应用程序及跨平台的面向服务的新体系架构都是高度复杂的系统，在其运行时必须有适当的功能来保证其可用性和可靠性。在这样的服务网络中，必须确保某单项服务的失败不会导致整个系统的崩溃。

在这样的网络中将敏捷开发方法应用于单个服务反而会带来挑战，如异步开发周期及与之相关的不同的时间分布。开发者必须确保这些问题不会影响整个系统。在这种情况下，数据的存储方式是一个无法回避的问题，即集中存储还是分散存储？一方面，如果没有中央数据库，则整个系统都会受到影响；另一方面，如果使用分散数据源，那么在模型更改时会花费更多的精力，并且如何保证数据一致性也会是一个问题。

7. 可测试性和可维护性

随着数字化生产而引入的工业 4.0 应用也需要不断适应和进一步开发，并且需要始终确保由两个或多个服务组成的集成式功能的可用性。除去功能本身，接口、服务描述及数据模型都必须满足这一要求。在多平台体系架构中，合适的测试环境、完整的测试组织结构和一致的测试数据管理是上述需求实现的基础。

2.5　互通性和安全性

Bitkom 指导书《工业 4.0——互通性在工业 4.0 参考架构模型（RAMI 4.0）中的重要性》的第 1 章有如下概述："工业 4.0 在数字网络世界中是一项跨国界、跨行业的合作项目。这意味着互通性是成功的基础，即可以与第三方无缝协作、交换信息及相互提供服务。互通性已经存在于个别商业模式中，或者在制造商之间以这样或那样的方式得以实现。这就是那么多不同形式的工业 4.0 商业模式都已经得到成功应用的原因。但是，每个企业都必须主动地（最好是与合作伙伴一起）推动必要的变更进程，以期将投资需求和风险降到最低。"

安全可靠的通信系统及高性能的网络基础设施是未来实施工业 4.0 项目的关键技术。它们为移动性、数据交换，或者说产品及服务的传输创造了条件。

2.5.1 工业环境中的通信

1. 通信系统的核心需求

通信系统的主要要求如下：
- 数据传输速率。
- 反应时间（延迟时间）。
- 可靠性。
- 安全性。

现有的工业通信系统已经可以满足前三个要求，但在安全领域还有很多未完成的工作。迄今为止，工业通信系统的安全性是通过与企业 IT 网络解耦来实现的。

2. 传统的自动化金字塔

如前所述，自动化金字塔代表了制造工业企业内部之间的层次结构，从车间（现场层级）到顶层（管理层级）。

与订单相关的计划数据自上而下流动；而在制造生产过程中产生的反馈数据则自下而上传输。图 2.33 所示为自动化金字塔中各个层级之间的数据交互。

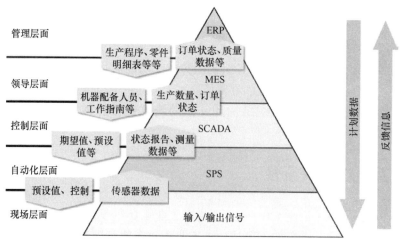

图 2.33　自动化金字塔中各个层级之间的数据交互

目前，自动化金字塔中各个层级都被整体式应用方案或特定的功能设备所占据。物联网平台的出现及新的现场总线技术创造了新的数据传输可能性。

3. 架构

不同的架构可以提供不同的实用、经济且安全的解决方案，并可以在上述的集成式模型，也就是自动化金字塔的所有层级中满足通信需求。图 2.34 所示为一个层级模型，系统中的本地网段都与主干网相连。

- 优点：每一层级都有自己的本地网段，通信协议可以适配企业的技术环境。
- 缺点：过多使用不同协议的本地网段。跨网段的通信只能经由网关完成，并且常常只能在相邻网段间进行。

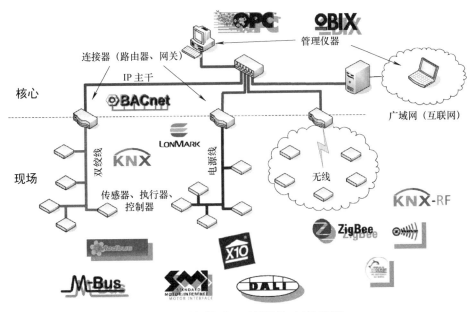

图 2.34　层级模型（两层架构/拓扑示例）

4. 现有的工业通信系统

用于通信介质的物理总线及与之连接的设备一起构成了现场总线或通信系统。表 2.1 列出了最常见的现存工业用现场总线及其对应的以太网系统。

表 2.1　工业用现场总线及其对应的以太网系统（现存）

现 场 总 线	以太网及其他	利 益 组 织
Profibus	Profinet	PI（PNO）
DeviceNet/ControlNet	EtherNet/IP	ODVA
CANopen	EtherCAT/Powerlink	CiA/ETG/EPSG

(续)

现场总线	以太网及其他	利益组织
SERCOS II	SERCOS II	SERCOS international
CC-Link	CC-Link IE Field	CLPA
Modbus-RTU	Modbus-TCP	Modbus IDA

此外，无线通信在工业通信领域所占的份额正在稳步增加。以下所罗列的示例是现阶段使用最广泛的系统：

- Wi-Fi（IEEE 802.11）或工业无线。
- 射频识别（RFID）。
- 蓝牙。

5. 对通信模型需求的改变

通信系统在未来会灵活且智能地将整条价值链串联起来，基于 SOA 的生产网络如图 2.35 所示。它将在整个生产过程中实现能源与资源的节约，而这样的生产过程又在各个不同领域，如物流领域，需要新的解决方案。就功能的数量和范围而言，此类应用程序的开发是高度动态的。但是，这也增加了对所使用的通信系统的要求，尤其是在数据传输速率、响应时间、可靠性和最重要的安全性方面。

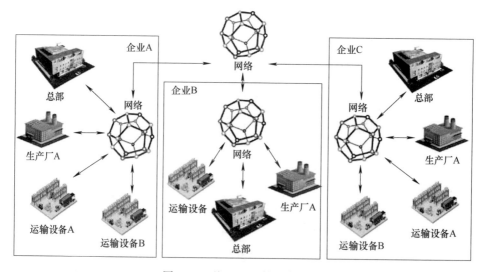

图 2.35　基于 SOA 的生产网络

未来的通信系统或网络将具有以下特性：

- 面向服务的架构。
- 离散化。

- 虚拟化。
- 互通性。
- 模块化。
- 实时性。

我们可以对图 2.35 所示场景做如下描述：越来越多的参与者导致带宽降低，同时提高了实时性需求；元数据量及其空间影响范围正在不断减小。

6. 未来的工业通信

生产及服务部门的数字化在未来仍将保持活力。越来越多的生产系统内部，如机器、机器人或整条生产线，以及一些移动端设备，将能够相互通信和交互。为此，需要有功能强大且安全（最重要）的通信系统支持。该系统可以连接种类繁多、兼容性差的移动端设备和有线连接的设备。这不仅给通信基础设施（如新的 5G 蜂窝网络）领域带来挑战，也对可交互的通信标准提出了要求。

从企业组织架构的角度来看，可以从两个维度对信息和数据的交换进行观察。

- 垂直：跨组织架构层级或跨自动化金字塔内部层级的信息交互（图 2.33）。
- 水平：沿生产过程或增值过程（包括客户和供应商）的信息交互。

垂直维度上接口、通信协议和数据传输速率至关重要；而数据类型和数据格式则是水平维度上的关键点。实际应用中，数据往往是在二维空间中流通。

7. 垂直集成

正如在通信系统下已经介绍的那样，这类工作也可能会带来新的要求或特性变化。这也是经典 OT/IT 架构变化的结果（图 2.36）。

基于历史悠久的分层应用程序架构，借助物联网平台和云服务提供的新概念，自动化金字塔层级之间的界限开始变得模糊；新技术使数据流可跨越控制层级或管理层级直接传递到云平台，并在那里进行下一步的处理或分析，自动化金字塔的转变如图 2.37 所示。

8. 水平集成

随着产品完成度逐渐提高，制造流程进一步完善，以及所涉及的产品开发流程（PEP）相关的不同学科（如开发、计划和生产等）越来越多，这其中所使用的方法、工具和标准也都需要随之改变。其最终结果就是产品信息的内容、结构和格式及适用于它的规则都会改变。

这种普遍存在的改变反过来会导致产品开发流程中的信息流中断，并有规律地产生产品信息的"翻译"成本。在产品信息中，还要区分来自开发和计划的主数据及在产品制造期间生成和记录的实际数据。

实施工业 4.0 或数字化生产所面临的挑战之一就是创建统一的产品和系统数据模型。数字化生产的连续性数据愿景如图 2.38 所示。

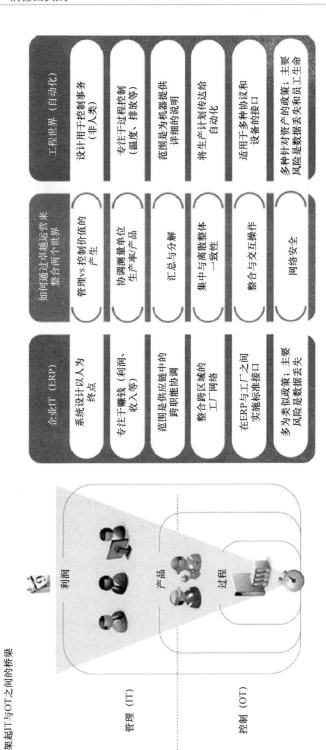

图2.36 IT与OT的各自特点及配合可能

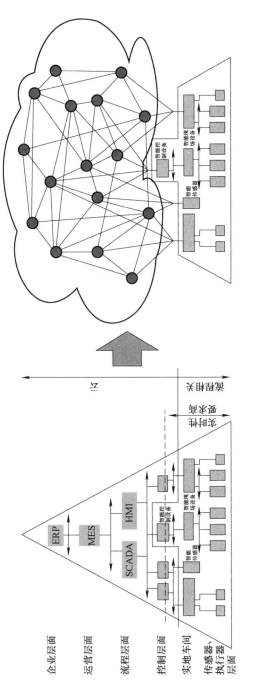

图2.37 自动化金字塔的转变

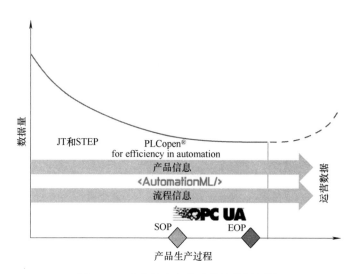

图 2.38　数字化生产的连续性数据愿景

对于制造业而言，除了上述产品开发中的 JT 和 STEP 数据格式外，其他标准，如 OPC UA、PLCopen 或 AutomationML，也都很重要。

数据交付需在整个产品生命周期内（从项目开始，经历批产、验收，最终到保质期结束）尽可能地收集管理数据，并保证不出现数据丢失及时间浪费。

产品增值过程既需要产品信息，也需要流程信息。这两者在数字孪生概念中紧密相连。收集、评估运营数据，并将结果输入增值过程，以进行产品改进或预测性维护。之前提到的信息类别会在产品生命周期中的不同 IT/OT 系统中进行创建和管理，并且使用不同的数据格式和结构，与生产阶段相关的生产架构如图 2.39 所示。

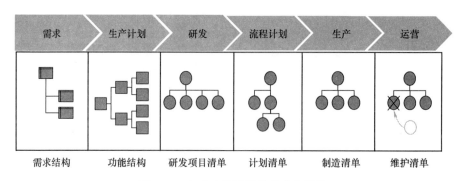

图 2.39　与生产阶段相关的生产架构

图 2.39 显示了某产品信息清单在不同阶段在数据结构上的变化。如前所述，可以通过使用集成数据模型来确保信息流的连续性。这涉及企业内部（有

时跨厂区）的数据交换，以及与客户和供应商之间的外部产品信息交换。

但是，在当今的异构系统世界中，经常会出现格式不符、次优生产过程和应用程序接口的问题，它们会成为自动信息交换中的障碍。因此，这必须借助通用的、行业特定的或功能相关的标准来解决。

9. 数据类型、格式和结构

数据是构成信息流的基础。如果要在增值过程的所有环节（水平方向）和企业层次结构的全部层级（垂直方向）之间进行统一的设计（正如实施工业4.0一样），则必须采用统一的数据描述形式。下面，我们将讨论各个需要考虑的"数据属性"。

10. 数据类型

在计算机科学中，对数据类型的正式定义是一组性质相同的值的集合及定义在这个值的集合上的一组操作的总称。以这种方式指定的数据类型不包含任何语义（图 2.40）。

▸ 数据类型	默认值	存储空间	数据范围
▸ byte	0	1 Byte (8 Bits)	-128 bis 127
▸ short	0	2 Bytes (16 Bits)	-32768 bis 32767
▸ int	0	4 Bytes (32 Bits)	-2147483648 bis 2147483647
▸ long	0	8 Bytes (64 Bits)	-9223372036854775808 bis 9223372036854775807
▸ float	0.0	4 Bytes (32 Bits)	±1.40239846E-45 bis ±3.40282347E+38
▸ double	0.0	8 Bytes (64 Bits)	±4.94065645841246544E-324 bis ±1.79769313486231570E+308
▸ boolean	false	? (min. 1 Bit)	false, true
▸ char	'\u0000'	2 Bytes (16 Bits)	'\u0000' bis '\uFFFF'

图 2.40　基础数据类型

而在编程领域，数据类型表征的是一个由特定的数值范围及在此范围内的数据操作所组成的单元。整数、十进制数、字符串或更复杂的类型，如日期或时间都属于这一范畴。"特定数据类型"这一概念也可用于这些数据类型。

11. 数据格式

数据格式是在数据处理中所使用的术语，它定义了数据的结构、表示方式及处理时的解析方式。在计算机程序源代码中，数据格式根据相应编程语言的声明规则表征或描述了数据字段的格式。狭义地讲，"数据格式"的概念与"数据类型"非常接近，可以认为是同义词或一种释义补充。

而在更高层级上，数据格式与对应的应用程序强关联，通常满足跨企业的或国际上适用的规范，用于在特定的应用范围内构造数据。

"数据格式"（datenformat）有时还与"文件格式"（dateiformat）同义，但我们必须对两者加以区分：每种文件格式都是数据格式，但并非每种数据格式都是一种文件格式。

在用不同 CAx 数据描述产品时，不同的数据格式也会引起另一个挑战。企业不同部门（如开发、销售、生产和售后）使用的数据格式之间仍然需要非常复杂的转换工作。这将成为实施工业 4.0 的关键要求，以使生产更加灵活，并确保信息在整个产品生命周期内可以连续流动。

在 Web 服务领域中，常用的数据格式有 XML 或 Json（详见维基百科）。

12. 字节（Byte）顺序

数据格式也由计算机体系结构决定。为了实现更快、更有效的数据处理，一些制造商创建了相应的架构原理。这里所提到字节顺序，区分以下两种方式。

■ 大端模式（big endian）：使用这种格式时，最高有效字节将首先保存，即保存在最低的内存地址中。这与时间的表示形式相当：时；分；秒。

■ 小端模式（little endian）：使用这种格式时，低位字节保存在起始地址。这与日期的表达方法类似：日；月；年。

图 2.41 所示为大、小端模式比较。"大端"和"小端"的概念指数据映射到电子存储器中时存储地址值的大小。如前所述，这些格式来源于不同制造商的体系结构。因此，在日常生活中也以微处理器制造商的名字对它们命名。"摩托罗拉格式"代表大端；"英特尔格式"代表小端。

"摩托罗拉格式"，即大端模式，常用于自动化技术，也就是机器控制程序中。

在传输数据，如传输大量数据作为原始数据时，还必须考虑位（Bit）顺序，这对于 OT-IT 连接可能会是一个挑战。

大端模式								
内部比特位	1010 0111		0011 0010			1010 0111 0011 0010		
换算	$1010\ 0111_2$	$a7_h$	167_{10}	$0011\ 0010_2$	32_h	50_{10}	$1010\ 0111\ 0011\ 0010_2$	$a732_h$	42802_{10}
小端模式								
内部比特位	1110 0101		0111 1100			1110 0101 0100 1100		
换算	$1010\ 0111_2$	$a7_h$	167_{10}	$0011\ 0010_2$	32_h	50_{10}	$0011\ 0010\ 1010\ 0111_2$	$32a7_h$	12967_{10}

图 2.41　大、小端模式比较

13. 数据结构

数据结构是由数据或信息（如产品信息）的排列而产生，其中每条信息都由对应的数据类型和数据格式来描述。数据结构是用于存储和组织数据或信息的对象。在这种结构中，数据以某种方式排列和链接，以便有效地访问这些文件并对其管理。

数据结构不仅以其所包含的数据为特征，更以对该数据的应用和实现访问与管理的操作为特征。

典型的基本数据结构有数组、列表、表格或数据树。更复杂的数据结构可用于以统一且易于理解的格式表述交换产品信息、机器配置等。对于工业 4.0 而言，这一属性至关重要，因为它使设备及接口有了清晰的"自我描述"能力，其日后的挑战在于"统一性"和"普适性"（详见维基百科）。

14. 总结

工业 4.0 在生产优化领域内的核心创新之一就是减少全部相关业务领域中数据媒介和格式的中断。过去，生产自动化的重点仅在于提高产能；而现在可以通过使用工业 4.0 应用减少企业内所有部门和层级之间的数据媒介及格式的中断，做到进一步支持自动化发展。

着眼于整个产品生命周期内的连续信息流，即从产品设计到生产计划和执行，再到客户使用、售后服务及报废或再回收利用，基于统一的、易于理解的数据结构的一致性数据模型是一种合理的解决方案，它将会在生产数量、生产周期等方面提供极大的灵活性；无论是变型产品制造还是定制生产，它都能够大幅缩短生产时间。

总而言之，由于传统的异构体系和多样化的通信系统，以及由此引入的不同数据类型、格式和结构，在整个产品生命周期内创建一个统一的数据模型和流畅的数据流将会是工业 4.0 实施需要首先解决的问题之一。

2.5.2 信息与数据安全

1. 安全需求在不断增加和改变

在实现工业 4.0 的过程中，跨企业的敏感数据交换，包括产品和流程数据，使原本的线性增值链向动态的增值网络转变，从而实现更高效地生产。因此，对于高度网络化的系统结构的全面保护已成为进一步发展数字化产业的议程之一。为了保护企业的 IT 基础架构不受攻击必须采取必要的预防性措施，但这通常无法形成全面的解决方案（Platform Industry 4.0 2018）。

反之，安全漏洞也可能导致致命的后果，对企业造成破坏性的影响。

德国联邦信息安全局（BSI）也反复发出警告说恶意程序正在传播，并且当前的病毒扫描程序无法对其准确识别。

如前所述，工业 4.0 和工业物联网在新技术的帮助下，在实现成本优化、提高产品质量和维持企业架构透明化的同时，也为合理化生产提供了多种可能性。因此，此类新应用程序的安全性始终是整体解决方案中不可或缺的一个方面，不应该成为障碍。

工业 4.0 的愿景仍基于旧的安全协议，未能考虑到全球联网和不断变化的环境所带来的危险。现在的大部分运行和安全系统与机器设备的安装调试系统是同一套设备。过去，负责 OT 的部门只需保证生产的正常运转，从而确保企业的营业额；而网络安全及其完整性则是 IT 部门所关注的。

这意味着具有传统安全机制的 OT 设备（系统也很难得以更新）基本无法受到网络安全保护。因此，我们需要新的安全概念，使 OT 设备更安全地面对未来的挑战。

因此，在引入工业 4.0 应用程序时，应从一开始，就考虑网络安全性，如防止未经授权的访问和外部攻击，以确保生产（详见 Russell 2018）。

图 2.42 所示为 2016 年的一份决策者安全报告的摘录片段（INSTITUT FÜR DEMOSKOPIE ALLENSBACH 2016）。工业 4.0 一方面已被视为德国未来商业发展的必经之路，并且相关的安全风险已为人们所知；但另一方面，只有一半的企业将 IT 安全理念用于生产。

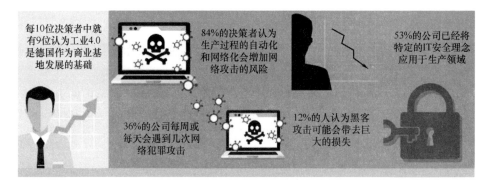

每10位决策者中就有9位认为工业4.0是德国作为商业基地发展的基础

84%的决策者认为生产过程的自动化和网络化会增加网络攻击的风险

53%的公司已经将特定的IT安全理念应用于生产领域

36%的公司每周或每天会遇到几次网络犯罪攻击

12%的人认为黑客攻击可能会带去巨大的损失

图 2.42　对企业决策者进行安全调查报告的摘录片段

2. 安全设计

过去，生产过程具有很高的可靠性和安全性。随着工业 4.0 的引入，这一点也绝不会改变。然而，在网络化的生产环境中，IT 与 OT 的安全性显得更为重要。IT 安全方面已经有了满足这些要求的解决方案，但它们无法一对一地映射到 OT 环境中。例如，电脑上运行的杀毒软件不能直接在具有实时要求的生产设备上进行病毒扫描。因此，必须对现有 IT 领域的安全性解决方案做出改进，使其满足生产工厂中特定 OT 的需求。

另一个挑战是对控制系统进行安全更新时如何完成安全认证，以及在整个更新过程中做到不中断生产过程。

因此，随着工业 4.0 的引入和数字化生产的进步，IT 安全只能在整个系统的设计阶段才能真正实现，并且是比传统 IT 技术更新的解决方案。但这也意味着客户、供应商和生产商之间的互联性和合作不断增加，整个系统的安全性由最不安全的合作伙伴确定。在这种合作模型中，相互信任是必不可少的。而 IT 安全领域的新概念、体系结构和标准有助于建立这样的信任基础。

这里的挑战是如何使现有的解决方案能够满足新需求，同时为未来的工业 4.0 设施开发新的概念和解决方案。将安全设计作为企业文化来推广可以有效地支持这一点。

第3章　数字化用例开发的解决方案

开发数字化用例的解决方案需要基于现有技术和新技术，尤其是信息和通信领域的技术支持。将它们部署在生产过程之中，可最大化信息流、物料流和能源流带来的利益；改善生产中的计划和控制流程；还能通过对实时反馈的智能数据处理实现自我优化。根据生产类型的不同，运营模式将变得更加灵活，企业在价值链中的竞争力将得到提升。

借助面向服务的应用程序和云平台，可将机器、传感器和其他生产对象与IT/OT 系统集成在一起，并满足相关的安全要求。

所选定的解决方案分为以下三类。

1) 以生产对象即产品为重点，主要包含如下方面：数字孪生、智能组件（CPS）及与物联网平台的集成等。

2) 以生产过程为重点，讨论的焦点在于：业务过程模型及运营模型的数字化；对生产计划和执行阶段的监控与改进。

3) 以生产基础设施为重点，基于不同的生产类型，对生产单元、生产线采用相应的数字化方法。

在应用新的解决方案之后，我们能够做到以下几个方面：

■ 在车间实地采集数据，同时对其进行转发，分析；并反馈回业务应用程序，形成数据闭环。

■ 沿整条增值链有针对性地将人（工人）、机器（机床、机器人、传输系统）和产品（生产对象）整合起来（这在之前是不可能做到的）。

■ 实现高效、灵活的生产目标。

■ 形成新的服务模式。

数字化转变也可以使用激进的（破坏性）方法来进行，如通过重新设计业务流程及其所对应的模型和体系架构。与之相对的，若采用补丁（迭代）方式，则需要基于应用场景满足车间的特定需求。数字化转变方法间的不同见表 3.1。

德国通快公司就采取了激进的商业模式，该企业通过收购物联网平台 Axoom 为客户提供类似预测性维护的数据服务。德国通快此举不仅将其商业模式从机器的制造和销售转向了后期维护及服务，还通过收购服务平台的方式，以运营数据为基础正式进入服务领域。

表 3.1　数字化转变方法间的不同

	激进/破坏性	补丁/迭代
方法	Greenfield（在全新环境中开发项目），自上而下	Brownfield（在遗留系统上部署或开发项目），自下而上
措施	■ 重新设计流程模型、业务架构 ■ 全新定义产品-服务组合 ■ 引入新技术，设计新的系统架构	■ 基于特定需求使用用例或用例组合 ■ 调整现有的流程模型和业务架构 ■ 产品-服务组合的调整 ■ 选择性的技术适配及交流

　　而通过安装传感器来提高生产过程的自适应能力则是补丁式应用的一个案例。这样就可以对存储器或运输系统等生产组件的运行状态进行记录，从而改进生产监控及控制。

　　基于上述两种方法，可以开发出特定的用例或场景，并对现有的运营模式进行调整。一份市场研究（Breitfuß 2017）显示了数字化的普及程度，各种数字化实现方式的市场分析如图 3.1 所示。

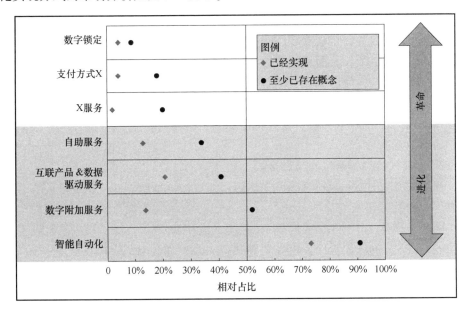

图 3.1　各种数字化实现方式的市场分析

　　图 3.1 所示为迭代及革命（激进）型数字化方法的实施程度，横轴表示将相应想法纳入企业策略或已经付诸实施的企业的相对占比。

　　迄今为止，迭代型方法"智能自动化"的实施程度最高。至少有 75% 的受访企业已经采用了这种方法，并有 20% 的企业也做这样的考虑。对于被调查的目标企业来说，这可以看作是一个数字化的入门课题。其他的革命型方法所占的总比率与之相差 40% 左右。

值得注意的是，实际实现"附加数字服务"方法的企业和对此仅有构思的企业占比差距极大。超过 50% 的企业表示正在考虑提供附加数字服务，但到目前为止，仅有大约有 15% 的企业实现了这一目标。

图 3.1 还很好地展示了整体趋势划分，革命型方法的实施程度明显低于迭代型方法。

1. 数字化用例示例

下面列举了 Breitfuß 2017 中的一些数字化用例。

1）大数据驱动的质量管控：通过基于历史数据的算法识别质量问题并减少产品故障。

2）自动驾驶物流车：全自动系统保证内部物流运输的顺畅。

3）机器人辅助生产：由柔性人形机器人完成组装、包装及其他工作。

4）生产系统仿真：用于装配系统仿真和优化的新的软件解决方案。

5）智能供应商网络：通过对供应商网络的监控来更好地选择供应商。

6）预测性维护：基于远程监控，在系统出现故障前进行维护。

7）机器即服务：将机器硬件和后续服务打包作为产品。

8）自组织生产：装配系统可自动协调工作，优化产能利用率。

9）增材制造：使用 3D 打印机直接创建复杂零件，无须后续的组装步骤。

10）增强现实：为工人的准备（计划、培训）及生产活动提供虚拟支持。

以上内容已经充分展现了数字化可覆盖的领域之广，从基础设施到生产技术，还有数据服务。

2. 用例（use cases）的描述格式

在软件开发领域，单个用例可以用一个记录系统（软件）全部需求的 UML 元素（统一建模语言）来表达。

图 3.2 所示为用例图示的简化表达。该用例是一个布置在第 4 级系统 "Quintiq APS" 的应用程序，由计划者（planner）作为参与者执行，用于支持某一业务流程的两个需求。其中的参与者可以理解为和系统交互的角色，既可以是人也可以是机器。

所谓的"场景"，就是对于谁在使用这个系统，以及试图取得怎样的结果的概括描述。它包含参与者执行的步骤，以及各个步骤对应的系统状态和执行结果。这些步骤的执行顺序被称为序列（sequenz），并可以在活动图（activity diagram）中以图形的方式表示。

我们可以通过不同角度将各种功能对象应用到用例中去：

- 系统架构中的定位（ISA 95 的层级模型）。
- 对参与者的定义。

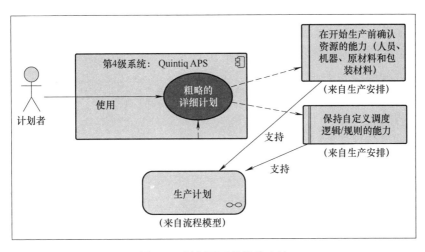

图 3.2 用例图示的简化表达

- 根据目标群体对需求的定义。
- 对功能模块（应用程序）的定义。
- 对流程元素的定义（SCOR®参考模型）。

数字化方法通常利用（基于模型的）软件开发方法，这也是为什么一定要使用合适的格式来描述数字化用例的原因。

我们将在第 4 章"流程模型"中提供一个记录、描述及评估数字化用例的模板。首先，从核心过程出发，记录并评估不同目标群体的需求；再基于针对产品、流程和基础设施的不同解决方案，完成对技术引擎及实践（方法）的选择和评估；最终定义用例，并根据其可行性进行优先级排序。

3.1 产品的解决方案

基于上述挑战和障碍，信息物理系统或工业 4.0 组件将是针对产品（生产对象）解决方案的重点。通用工业 4.0 所要考虑的领域如图 3.3 所示。

因此，需要从产品组合、车间实地及基础设施等多方面来理解产品。在某种情况下，产品可以理解为生产的对象（工件）；在另一种情况下，产品又可以理解为生产基础设施的组成部分（机器、传感器等）。产品数字化的解决方案可以分为以下几类：

- 用传感器、逻辑电路和人工智能来"武装"产品——数字化、工业 4.0 功能。
- 将产品链接或者集成到价值链或服务体系结构（平台）中——开发信息物理（产品）系统。

根据数字孪生模型，可以将"产品"如图 3.4 所示的方式集成到服务体系结构中。

在车间、应用层（工业物联网平台）及服务云之间建立自适应服务架构。工具、工件、夹具和机床（CPMT：信息物理系统工具）都将在应用层中形成数字孪生，并通过 M2M 接口实现彼此集成。

流程数据通过传感器、标签和网关实时报告给应用层。平台对数字孪生的数据模型进行管理，并提供分析功能和中央数据库（数据湖）。来自切削工具供应商或机床供应商的其他服务均可从服务云中获取，并通过平台使用。最终，根据评估结果将控制和纠正指令发回车间。

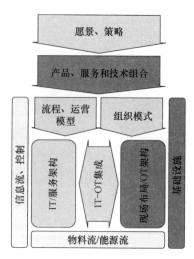

图 3.3 通用工业 4.0 架构

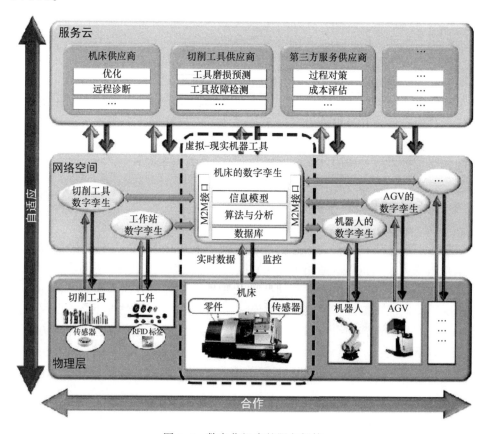

图 3.4 数字化机床的服务架构

1. 开发工业 4.0 组件

开发信息物理系统或基于现有产品开发工业 4.0 功能需要合适的结构和规范框架。如前文所述，工业 4.0 参考架构模型（RAMI 4.0 DIN SPEC 91345，图 3.5）中所提及的组件规范正是为此提供了合适的建议。

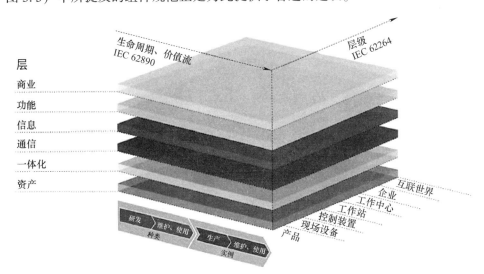

图 3.5 RAMI 4.0

参考体系架构模型以图形的方式表达了一个多维数据集，其中包括基于 IEC 62890 的生命周期、价值流维度和基于 IEC 62264 的企业层级结构维度。基于这些维度能够定义生产对象之间进行数字网络通信的相关要求。

图 3.6 所示为一个工业 4.0 组件实例。

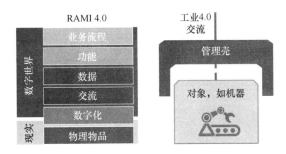

图 3.6 工业 4.0 组件实例

- 单个组件由一个数字化管理壳和一个实际的物理对象组成。
- 管理壳在组件与其环境之间的通信中充当翻译器，并提供数据存储服务。
- 组件与外部环境之间的信息交互由通信层完成。

每个组件都有自己的管理壳；其中所有的信息和功能都由各个子模型完成。多个组件可以通过一个公共管理壳形成一个单元。

 RAMI 4.0 管理壳总结：
- 管理壳所用程序是针对工业4.0用例相关信息的通用处理方法。
- 它具有可扩展性和可衍生性，涵盖组件（资产）的全生命周期（从设计到使用及维护）。

因此，参考架构模型 RAMI 4.0 构成了开发人工智能、智能产品或信息物理生产系统的基础。

2. 信息物理系统

根据凯捷咨询公司（Capgemini）2014年的报告，信息物理系统的特点就是可以基于与环境的扩展连接展现其功能和特性。

自我管理和控制的能力被视为分散决策过程和自主运营模型的前提。信息物理系统配备的传感器可以提供当前操作步骤和环境条件的信息，以便做出进一步的分析处理。

传感器数据将直接传输到可以自主执行动作的执行器上。信息物理系统的连通性和增强通信功能使其可以和其他设备进行信息交互、传输指令和接收反馈信息，如机器、机器人、运输系统和执行器件。

除此之外，信息物理系统还可以根据环境情况或流程步骤独立地进行调整适配。例如，通过修改配置信息实现自我优化维护功能。

 可以根据以下标准对信息物理系统进行分类：
- 访问生产项目的状态信息（状态、位置及属性）的可能性。
- 与其他"参与方"（如机器、运输系统、程序和工人等）互动的能力，互相交换数据（M2M、HMI、产品与流程之间的沟通）。
- 足够的计算能力和数据存储能力，以用于自我控制及监控、数据分析和知识构建（机器学习）。
- 基于内外部数据实现自主功能调整和配置的智能性。
- 连续数据交换的连通性，为生产系统的分析、预测和持续改进提供基础。

借助信息物理系统可以完成数字服务模型（基于价值的服务模式）的开发。

3. 工业4.0建模（Schleipen 2016）

VDI-GMA 技术委员会的工作组正基于现有的、来自信息和通信技术及生产领域的规范和标准形成一个针对工业 4.0 的统一认识，并建立参考体系架构模型。这一工业 4.0 参考体系架构模型，简称 RAMI 4.0，是以 DIN SPEC 91345 为基础开发的，用于描述工业 4.0 的体系架构。而在此模型基础上可以进一步开发各行业或企业的特定模型。

RAMI 4.0 基于现有的国际标准（如 IEC 62264），以生产对象的生命周期、体系架构及企业的组织架构层级为坐标轴形成立体关系，如图 3.5 所示。

RAMI 4.0 的纵轴表达 6 个不同的工业 4.0 对象，区别如下。

- 商业（business）：商业模式及由此产生的业务流程。这是保证增值链中功能完整的基础。
- 功能（functional）：支持业务流程的服务的实际运行环境和模型环境。
- 信息（information）：事件（预）处理的运行环境。
- 通信（communication）：使用统一的数据格式，以达成通信标准化。
- 一体化（integration）：提供计算机能够处理的资产信息。
- 资产（asset）：物理现实，如技术对象（机器）。

由于当前没有针对工业 4.0 的统一、全面的标准，而且 RAMI 4.0 自身的构建基础就是多项不同的标准，因此还需要一些其他的标准。

- OPC UA（IEC 62541）：实地车间与业务应用程序之间的通信层。
- AutomationML（IEC 62714）：用于生产对象的系统工程。

这两项标准旨在最大程度地实现对象之间的兼容性，并在与其他标准协调工作时展现出如下特点（优势）：

- OPC UA 通过其一系列的配套规范提供了将其他标准集成到统一信息模型中的可能性。在模型定义和模型映射上可以有如下区分。
  - OPC UA 为设备的通用描述定义了信息模型。
  - OPC UA 定义了映射规则，用于将 AutomationML 模型转换为 OPC UA 信息模型。
- OPC UA 借助节点集为信息模型搭建基础架构，并通过示例代码和帮助为开发人员提供支持。此外，还有一整套一致性测试工具（CCT）可供使用。
- AutomationML 也提供了很多和其他标准合作的接口。
  - AutomationML 支持对其他文件格式的集成，如逻辑电路或几何尺寸文件；并且定义了规范性规则及其实现方式。
  - AutomationML 支持对外部描述文件的链接，如 PDF 格式的文件或 STEP 格式的几何尺寸文件；并且给出了如何引用的实施建议。
  - AutomationML 提供为外部语义分配属性的可能性。相关规则都记述在其白皮书中。
- AutomationML 通过库的形式为数据建模提供基础。而开发人员可以借助图形化的 AML 编辑器及基于 AML 引擎的编程接口建模。在此之后，德国弗劳恩霍夫光电、系统技术和图像处理研究所（Frauenhofer IOSB）的 AML 测试中心将提供进一步的支持。

每个工业 4.0 组件的架构及其工作原理都定义在 DIN SPEC 91345 中。它们不仅是技术对象（asset）的参考模型，也可以是工业 4.0 系统（CPPS）的虚拟描述。这意味着生产对象全生命周期内的所有相关属性及特点都可以由一个工业 4.0 组件来表达，其基本术语如图 3.7 所示。

■ 智能产品可以是成品、商品、半成品或生产对象本身，其主要特征是可以在智能工厂中实现与其他生产"参与者"进行联网及智能交互的能力（Schleipen 2016）。数字孪生只是智能产品的一部分，它既可以直接体现在产品上，也能够远程部署。在 RAMI 4.0 中对术语做了进一步的区分，如图 3.7 所示。

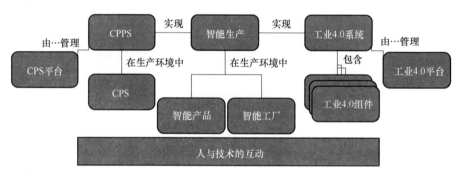

图 3.7　RAMI 4.0 术语

■ 所谓的信息物理生产系统就是将信息物理系统应用于生产当中。而信息物理系统是一种通过开放的全球性信息网络将真实对象（物理对象）和过程对象及信息处理对象（虚拟对象）全时连接的系统。此外，信息物理系统还可以使用本地或远程服务；具有人机交互界面及在运行时实时进行系统动态调整的可能性。

■ 工业 4.0 系统是由工业 4.0 组件及简易通信演示（communication presentation）组件组成的系统。整个系统具有特定的用途及确定的工作性能，并可以支持标准化服务。某个系统亦能够作为组件出现在另一个工业 4.0 系统之中。每个工业 4.0 系统必须明确自己与工业 4.0 平台的相对关系。

■ 工业 4.0 组件是在全球范围内可单独识别的、具有通信能力的"生产参与者"，它由数字管理壳和物理对象（asset）组成，通过数字服务与工业 4.0 系统相连，并通过工业 4.0 系统对外提供满足服务质量（QoS）的服务。工业 4.0 组件为其服务及相关数据提供足够的安全保护。单个这样的工业 4.0 组件既可以是整个生产系统，也可以是单个机器和工作站，还可能是机器内部的元器件组。

■ 工业 4.0 组件的管理壳是其自身在工业 4.0 系统中的虚拟"形象"和功能描述。而管理壳则由内容清单和组件管理器组成。

    ● 清单是一个可从外部访问的、已定义的信息集；能够提供有关工业 4.0 组件的功能和非功能性属性。

    ● 组件管理器是自我管理和访问工业 4.0 组件资源的管理者，如工业 4.0 组件本身、生产对象、技术功能或虚拟显示。

这意味着工业 4.0 系统和信息物理生产系统都是能够实现智能生产的灵活框架体系。而将智能对象与其周边环境互联的工业物联网则是对上述概念很好的补充。

信息物理生产系统和工业 4.0 系统虽然在概念上有所区别，但两者都能够将物理世界和虚拟世界结合，并通过相应的数据和功能服务对两个世界产生影响。

因此，可以从 RAMI 4.0 的 IT 表示（图 3.5）中得出对这两个概念的不同要求。

■ 商业：工业 4.0 组件或信息物理系统必须支持商业模式和相关的业务流程。这其中就包括常见的业务流程建模符号（BPMN）或商业模式画布（business model canvas）。

■ 功能：功能运行需要诸多功能支持，而工业 4.0 组件或信息物理系统则必须保证这些功能的运行及建模环境正常。为此，需要特定软件及硬件架构和正确的处理流程。类似 UML 的通用性描述语言，或是一些应用于特定领域的模型能够发挥极大的作用。

■ 信息：工业 4.0 组件或信息物理系统必须能够处理来自技术对象（资产）的信息。这些信息包含了工业 4.0 组件或信息物理系统的功能，如几何结构、运动学、运行逻辑、功能表现，以及和其他组件或信息物理系统的相对关系。每个工业 4.0 组件或信息物理系统都有其自己的模型，这些模型可以合并成一个集成式的通用模型。一些特定领域的表达方式也有其用武之地，如本体论语言（ontologie）和特定的对象库。为此，可以使用基于 XML 建模的描述语言，类似的有国际通用标准 AutomationML。

■ 通信：工业 4.0 组件或信息物理系统必须配备通信接口，以便和其他工业 4.0 组件或信息物理系统建立通信。国际标准 OPC UA 正是为此而生，它实现的不仅是简单的通信，更是创建了一种可以在信息层中实现信息建模及处理的连接，以满足前面提到的访问策略需求。

■ 一体化：工业 4.0 组件或信息物理系统必须能够为相关技术对象（资产）

提供机器可读的数据。这其中包括工业 4.0 和信息物理系统功能行为的定义、系统架构和所能提供的服务，还包含所有相关技术特征，如传感器和执行器类型、服务、各种软硬件接口。

■ 资产：工业 4.0 组件或信息物理系统代表并管理一个或多个物理技术对象（资产）及其虚拟表示。

两个或多个互相兼容的工业 4.0 组件必须满足以下要求：

■ 工业 4.0 组件或信息物理系统必须具有自我描述的功能，如可以基于 AutomationML 编写。而建模则应满足对生产任务的功能描述要求。

■ 工业 4.0 组件或信息物理系统应具有主动向其他"参与者"传输其自我描述的能力，如借助 OPC UA，或通过执行 OPC UA 方法对外提供相应的服务，以实现既定功能。由此，我们可以创建智能的、可重新配置的工业 4.0 系统或信息物理生产系统，还能够在合适的"中间件"的帮助下将旧设备纳入系统。

4. CP（P）S 开发是一个跨学科过程

CP（P）S 的开发要求跨学科合作，其挑战在于整合所有相关技术领域，如电子工程、软件工程、机械工程及其他。而每个领域都有其独特的工具、描述格式和方法，因此必须对其有针对性地集成（图 3.8）。

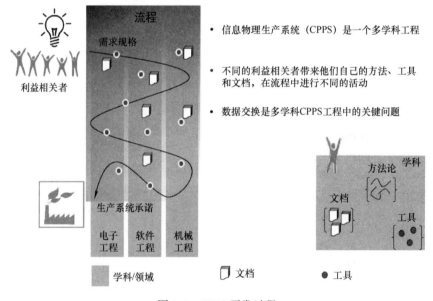

图 3.8　CPPS 开发过程

基于需求分析，跨学科开发将形成生产系统的"性能承诺"。各领域内的专家需要确保其模型的兼容性，符合模型开发相应的规范，并保证满足流程需求。RAMI 4.0 为此提供了一套规范框架。

源自软件开发的 V 模型（VDI RL 2206）在基于工业 4.0 的需求做出针对性的调整后，已成为流程开发的指导性模型。它描述了机电一体化系统/CPPS 开发中的逻辑顺序和具体内容。

图 3.9 所示的 V 模型表明，任何专业领域的开发流程中都包括系统设计阶段和系统集成阶段。

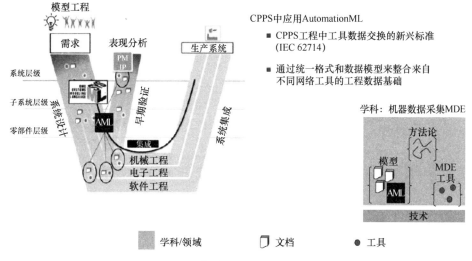

图 3.9　机电一体化系统/CPPS 开发的 V 模型

跨学科开发停留在系统层级，但囊括相关的子系统和组件，并且需要早期的验证来确保系统设计的安全。

在开发过程中，需要注意现有标准的应用。RAMI 4.0 中所建议的 AutomationML 标准（IEC 62714）为各个开发工具之间进行信息交互提供了基础，构建了在异构工具网络中形成统一格式的数据模型的框架。图 3.10 所示为基于 AutomationML 的研发项目架构。

在系统规划、功能开发和调试阶段，AutomationML 遵循模块化结构，基于现有的 XML 数据格式进行集成和拓展，最终以顶层格式（top level-format）进行工程合并。

工厂拓扑、机电一体化、系统设备等领域现有的数据格式都需要根据其特有的规范使用。在此示例中，AutomationML 在逻辑结构中提供了以下元素：

■ 基于 IEC 62424 的 CAEX（computer aided exchange），通过 AML 对象的层级结构对组件拓扑和网络信息（包括对象属性）进行描述。

■ 使用 COLLADA（ISO/PAS 17506：2012）表示不同 AutomationML 对象的几何尺寸和运动学特征。

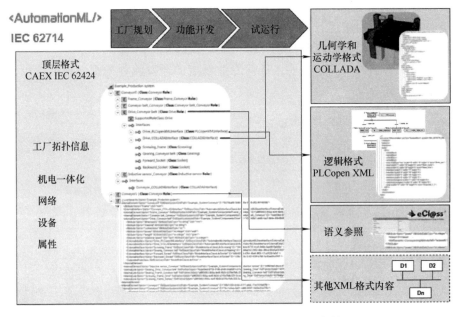

图 3.10 基于 AutomationML 的研发项目架构

- COLLADA（协同设计作业）是一种面向交互式 3D 应用程序的数字资产交换方案。由技术联盟协会 Khronos Group 开发，作为 ISO/PAS 17506 的详细说明首次发布。COLLADA 定义了一种开放式的 XML 方案，用于在不同的图形软件之间交换数字资产，后者往往将各自的资产保存为不兼容的文件格式。COLLADA 最终将资产存储在 XML 文件中，其文件扩展名为 .dae（digital asset exchange）。
- 使用 PLCopen XML 描述不同 AML 对象的控制逻辑。
  - PLCopen 是一个独立于制造商和产品的机构，其宗旨是基于该领域的国际标准解决控制编程领域里的种种挑战。
  - PLCopen 的核心领域是为工业控制编程创建全球统一的标准 IEC 61131-3，用于标准化程序接口。
- 描述 AutomationML 对象和存储在顶层格式（CAEX 应用程序）文件之外的信息之间的关系。

AutomationML 框架是基于 CAEX 标准应用的顶层格式，其目的在于通过使用 CAEX 数据格式、COLLADA 和 PLCopen XML 满足生产系统建模中的全部要求。AML 文件和模型都是基于 XML 的，且符合 CAEX 标准。

5. 适用于工业 4.0 应用的智能传感器

传感器厂商正在为改造或升级生产设备开发智能解决方案。基于智能传感器的架构如图 3.11 所示。

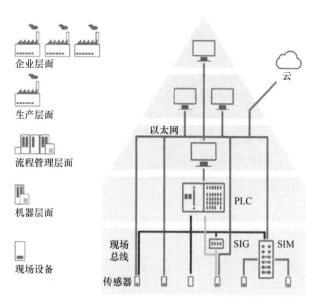

图 3.11　基于智能传感器的架构

传感器根据其工作原理主动或被动地记录设备的物理状态，并将其转换为数字信号。执行器则以相反的方式工作。到目前为止，信息总是通过现场总线或 I/O 连接传输到 PLC 模块，再经由类似 SCADA 系统的应用程序得以可视化及数据分析。

通过为原有设备加装智能传感器和配备边缘设备，或应用可编程传感器集成模块（SIM），可以在单个物联网平台上完成数据采集、处理和传输工作。这其中还需要使用传感器集成网关（SIG）对收集到的数据进行分类组合，借助自动 ID 功能还可以识别数据对应的传感器及执行器。

传感器集成模块能够实现扩展处理功能，并提供更灵活的数据采集能力（传感器、相机）。IO-link 传感器集线器和支持 MQTT 或 OPC UA 的现场总线，以及以太网接口都是很好的例子。

在传感器上添加数据采集、分析相关的功能，就可以通过实时通信接口向物联网平台传输完整的测量数据和状态信息。传感器上的功能又能够通过客户定制的 Web 应用程序映射到物联网平台，以便相关人员就数据采集和分析功能做出调整。

现有的生产组件也都可以应用智能传感器与执行器解决方案，以适应信息物理生产系统的工作需求。

6. 产品的数字化方法总结

VDMA 2016 针对开发和应用工业 4.0 组件总结了如下方法。

■ 传感器、执行器的应用：在物理环境中布置的传感器、执行器上加入信息处理功能是实现信息物理系统的核心要素。独立的信息处理能力使这些物理对象能够自主动作或做出反应。

■ 新型通信技术和连接技术的应用（能够与环境交互并存储数据）：无论物理对象的实际功能如何，它们所配备的新通信接口能够帮助实现更好的数据功能。互联网为生产网络系统提供了很多新的基础功能，如现场总线或工业以太网。其中，实时性、网络带宽和考虑信息安全的扩展地址空间（IPv6）都发挥着重要作用。产品中用于信息交互和数据存储的扩展功能（如应用射频识别技术和可擦写存储介质）也在不断创造新的可能性。

■ 基于特定的 IT 服务进行自我监测和自适应控制的能力：功能监测是工业 4.0 应用程序的另一个核心元素。自动化控制和监测技术的应用领域正是故障监测、状态诊断和预期功能实现。特定产品的 IT 服务，如模型评估和预测，可以使功能与物理产品解耦，或提供直接的交互功能。远程状态监视和基于状态（预测性）的维护就是具体用例。

■ 数字商业模式的开发和应用：基于以上所提及的方面，可以使产品及生产系统更灵活地适应客户和业务需求，并且可以基于产品所需的功能来提供新的服务模型。

现阶段支持工业 4.0 应用程序的各项技术引擎（technology enabler）的完善程度不尽相同，这也是为什么必须要针对特定用例对它们进行验证的原因。

下面将介绍实现以上解决方案的技术引擎。

7. 产品相关解决方案的技术引擎

■ 连通性/接口：请参见通信。

■ 状态信息、（智能）传感器：请参见传感器、机器连接及信息传递。

■ 被动数据存储：资产/组件端的存储选项。

■ CP（P）S、模块化架构：智能产品、模块化设计，请参见 RAMI 4.0。

■ 识别与追踪：

● 使用合适的技术识别工业 4.0 组件，如 RFID、令牌（token）和条形码等。

● 提供工业 4.0 组件运行状态的可追溯性，也就是组件的"时空"定位。

■ 可配置性：由标准化和模块化引出的可配置性；基于自我配置能力的适应性（基于软件的生产配置要求）。

■ 先进的流程控制：流程的自适应控制、监测和优化（适应计划/参数变更）→可配置性。

■ 组件的自我控制：工业 4.0 组件基于自身智能完成自我控制和监测→
CPPS。

■ 内部通信：人、机器、产品和流程控制之间的通信。

3.2　生产流程的解决方案

针对生产流程数字化所带来的挑战和障碍，讨论的中心在于生产流程模型
的应用。例如，利用 IT/OT 技术的系统支持和自动化方案；应用参考架构模型；
根据产品类型实现柔性生产和基于全新技术设计增值链中各环节的交互作用点。

关于通用工业 4.0 架构（图 3.12），以下方面必须加以考虑：

根据业务流程模型，信息流、能源流和物
料流（价值流）均由生产流程确定。将供应商
和客户更紧密地联系在一起，并对两者相互之
间的交互进行管控。定义关键数据来衡量运营
模型是否成功。

数字化解决方案之间的区分如下：

■ 根据价值链。

● 考虑企业在价值链中的位置和角色，
与其他企业的交互区域及增值份额。

■ 根据业务流程模型或运营模型。

● 使用参考模型，如 SCOR®。

● 面向服务，考虑内、外包选项。

■ 考虑核心生产流程，SCOR® 在辅助流程
的帮助下"实现"生产的"计划"及"启动"。

● 考虑不同生产类型的技术要求。

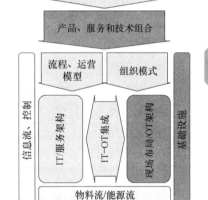

图 3.12　通用工业 4.0 架构

为了开发解决方案，需要在合适的模板基础上对用例（数字用例）进行描
述，详见第 4 章。每一份描述都会针对人机交互中用于实现特定需求的部分流
程。用例图显示了参与者之间的各项流程活动，来自 IT/OT 系统的支持功能及
它们在系统体系架构中的位置关系。

解决方案的真正实施离不开合适的技术引擎及正确的方法（SCOR®）。

1. 流程模型和生产类型

集成业务流程管理的主要目的是针对生产率、生产灵活性及成本透明度进
行定义、管控和优化，如图 3.13 所示。

以下内容与其各个阶段一一对应。

■ 流程执行：发展流程文化，激发员工积极性，以全新的思维及工作方式

实现自我定位，通过 IT/OT 系统实施自动化；定义系统支持元素与行动。

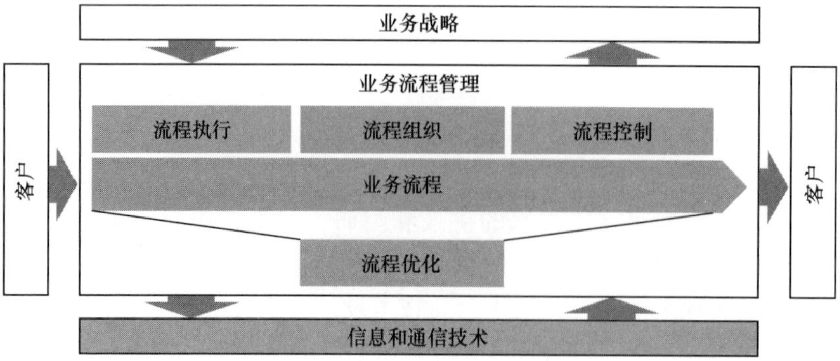

图 3.13　集成业务流程管理模型

- 流程组织：明确业务流程模型在企业组织中的角色和职责。
- 流程控制：定义流程目标和评价标准，实时管控和及时报告流程绩效，执行流程评估；监控。
- 流程优化：针对流程目标持续优化流程，基于监控结果持续改进流程。

每个业务流程均由以下元素定义。

- 流程输入：订单、信息、资源（方法、规程、能源、人员、材料、技术、工具和机器等）。
- 流程设计：边界条件、流程管理（干预、控制、优化）、目标/关键指标、职责、基础架构、流程限制和接口。
- 流程输出：产品/服务、信息、废弃物/排放和性能。

运营管理（operations management）应基于企业战略，并为流程管理提供关键绩效指标（KPI）。借助信息和通信技术的数字化方案主要解决了流程管理及增值流程的优化问题。

标准化流程参考模型，如西门子公司的批量生产模型或参考流程模型 SCOR®都需要根据特定的企业情况进行适配，才能真正准确描述企业流程。

2. 供应链运作参考（SCOR®）模型

供应链运作参考（SCOR®）模型（SCC）是一种普适性的参考模型，其目的是为各种不同的增值类型（供应链）开发业务应用流程。

使用特定方法的框架用于评估供应链，并将其与其他供应链进行比较，通过流程优化或应用实践证明最优的应用来提高性能。SCOR®中的直接任务是在供应链管理概念的基础上，描述客户需求相关的全部流程和活动。这其中需要为 3 个层级，如图 3.14 所示。

模型的第 1 层对流程、流程所处阶段和区域及产品进行了界定；第 2 层是对流程特征（配置）的具体记录；第 3 层提供了针对每个流程配置所需的活动描述和相关的参数或关键指标。

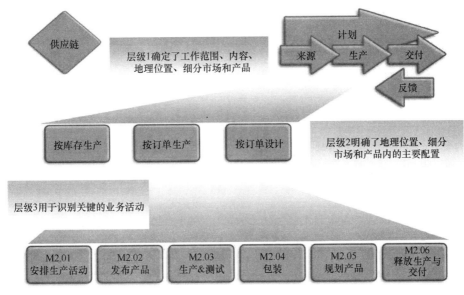

图 3.14　SCOR®参考流程模型

在定义数字化用例时，首先要确定针对流程计划（plan）、生产流程（make）及辅助流程（enable）的"作用原点"或需求。引入可能加入的"参与者"和相关行动，并基于现有的技术和实践对它们进行整合及效益分析。但必须注意用例的可行性，明确其目的，即优化数据收集/处理及改善流程管理。

图 3.15 所示为某制造企业的层次架构化业务流程模型的具体示例。

每个业务流程模型都始于市场，终于客户。为了使模型架构一目了然，需要将核心流程按照它们对企业既定目标的贡献值进行分类，并依照它们互相之间的依赖关系用图形的方式表达出来。当然，所有的流程责任、流程结果及相关的系统支持都包括在内。

3. 运营模式（operations model）的定义

根据维基百科的释义，可以将运营管理理解为"定义和监控生产过程的管理任务，并通过关键指标来优化所有相关活动"。生产力主要通过作业分工、系统化的绩效记录和评估，以及有针对性的技术应用来保证。

整个"生产系统"，也就是生产的组织、技术和流程架构需要同时在工作效率、生产率和客户需求满足三个方面找到最优解。运营部门生产产品并提供满足客户需求的服务。整体的战略及运营管理需要先进的技术和方法支持，并且要求客户和供应商更紧密地联系。

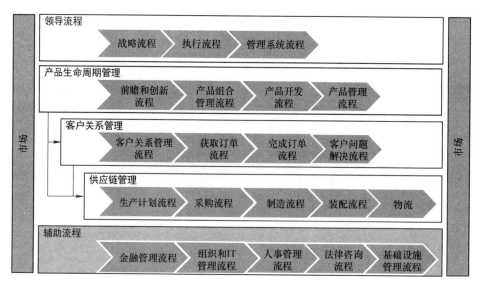

图 3.15　MF Reinhausen 公司的业务流程模型

运营模型是对企业如何为其目标客户创造增值产品，以及如何维持自身运营组织的描述。为此，就组织架构和流程组织（业务流程模型）而言，需要适当的细节介绍。

4. 生产类型和增值过程中的相互作用点

第 1 章所描述的发展趋势正在业务流程模型的调整和制造企业的运营模式中得到体现。

增值过程中与客户和供应商的相互作用点正是流程及组织方面的接口，并确定了流程中的领导地位和交互参数。通过运营模型也能确定企业在增值过程中的角色、与最终客户的亲近程度，以及对流程目标的影响力。这其中所有的增值活动都需要在考虑相关参与者的功能及数据能力的前提下进行检验，而企业与供应商和客户之间的交互点最终取决于生产类型。

从企业的内部角度来看，如今的制造企业能划分为如图 3.16 所示的生产类型。

■ 按订单设计（ETO）：每个零件都是根据客户订单单独设计和加工的。即使最终产品中包含标准件，也需要单独的生产流程和特定的零件清单。这种方法的典型场景就是汽车工业及工厂工程中的单件项目。

■ 按订单生产（MTO）：也就是经典的按合同制造，仅在有特定客户订单时才进行产品生产。MTO 代表着存储常用材料及组件，但只在获得客户订单之后才将其进一步加工成更高质量商品的制造方法。

■ 按订单组装（ATO）：是一种备货型生产和订单型生产的混合形式。其基本思想是独立于订单的零部件预生产，并与客户定制需求结合进行精加工和组装工作。ATO 也是一种仅在客户确认订单之后才生产商品的制造方法，它不会产生产品库存。在其制造过程中，会根据模拟需求预先生产标准化（模块）组件。

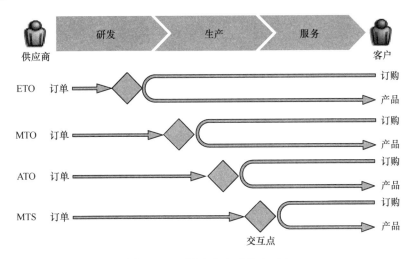

图 3.16　不同生产方式的交互点

■ 按库存生产（MTS）：生产将基于销售预测的需求量进行并存储。之后根据订单销售库存。

根据生产类型和生产对象，流程管理、控制和优化都可以通过数字化方法进行改进。相互作用点确定了与客户及供应商之间的协调和交流活动，而这其中的信息交换和流程管理是工业 4.0 领域内的重中之重。

这一系列工作越在增值过程或整体流程的初期进行，则

■ 所有的生产活动、信息及结果（技术应用和收益）的责任时间越长。

■ 流程将更早地受到数量及质量的影响。

■ 有更多、更丰富的可用于计划、控制、反馈及优化的交互点，其中包括：

　● 内、外部交互（信息及数据），如人机（H2M）、机器之间（M2M）等。

■ 有更大的信息交互量及更多的数据格式，其中包括：

　● 交互格式，如模拟/数字。

根据以上罗列的观点，可以得出数字化生产模型的特定应用领域，并依靠全新技术和方法来解决相关难题。

数字和通信技术作为数字化的驱动力仅仅代表了一个相关的技术领域，但它却影响着企业架构、流程、系统及最终产品的整个生命周期。除去新的接口、标准、协议和服务等，它还提供了数字化基础，给传统自动化模型带去

改变，形成服务平台，为生产对象配备智能功能，并通过一个平台将之前提到的几点整合到一起。面向服务体系结构模型为不同服务的搭建和互联提供了概念基础。

■ 集成服务：提供平台与车间之间的数据集成。

■ 应用服务：为评估、记录及处理提供对应的应用和服务。

■ 云服务：为服务平台提供基于虚拟基础架构的数据库及管理服务；之前提到集成和应用服务也需基于此项服务。

5. 基于价值的服务模式（VBS）

与传统的供应商向制造商提供机器的方式不同，基于价值的服务模式需要服务平台运营商及一个或多个数据服务供应商共同组织工作。

机器（资产）将连接到服务平台并传输运行数据，来自机器操作员的数据和服务需求将实时显示在平台上。一个或多个服务供应商将为此在平台上提供数据服务，而运营商则根据需求购买服务，包括操作、维护或优化等领域。

为此，相应的服务平台也需要进行层级划分，如图 3.17 所示。

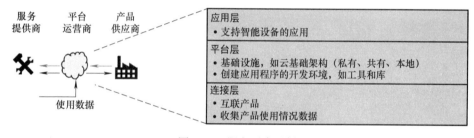

图 3.17　服务平台示例

■ 应用层由服务供应商提供，应用程序可以来自多个不同的供应商。

■ 平台层的基础架构和开发环境由基础架构、工具及库供应商提供给平台运营方。"产品"与服务平台的集成开发服务将通过连接层完成。

■ 系统集成商会解决机器与服务平台之间的连接。

各位"参与者"的责任范围及增值份额都可以根据角色模型来确定。

基于价值的服务模式可以推导出以下几种数字化用例。

■ 状态监视：记录与追踪运行状态，通过性能评估进行预测性维护。

■ 生产计划：追踪实际需求与产能，并以此为基础优化生产计划（包括资源与物料计划）。

■ 机器使用和流程优化：基于上述场景，不仅能对器械使用和生产技术及工具的应用进行优化，还可以改进运行和计划流程。

对于生产流程中基本数字化方法的技术引擎，本书将选择性地介绍几类。

6. 在流程中实施解决方案的技术引擎

■ 表现可视化（performance visibility）：根据性能数据、行为分析和总结报告，使用合适的绩效参数（KPI）实现流程性能的可视化。

■ 自动化流程监视：通过集成 PLC/传感器/摄像头功能实现对自动化流程的监控。

■ 流程数据互联性：机器、系统、工作站、工具及生产流程的数据互联。

■ 建模与仿真：在流程设计阶段对生产进行建模、仿真和验证。

■ 实时分析与优化：使用 IT 和 OT 进行运行期间的分析，进而优化流程中的干预措施。

■ 可配置性（基于软件）：模块化软件提供的可配置性。通过配置接口和标准化的功能模块使生产对象具有自适应能力。

除了上述罗列的技术引擎，SCOR®参考模型中的方法（practices）也能用于流程数字化。下面将介绍针对辅助、计划和生产流程所选定的 SCOR®方法。

7. 流程中实现数字化的 SCOR®方法

■ 业务流程改进：通过精益管理和业务流程管理（BPM）等改进业务流程的方法。

■ 信息管理：在信息和通信技术的基础上记录、处理、存储和应用数据的方法。

■ 制造方法：计划、执行、监视、预测和改善生产流程的方法。

■ 物料管理：有效规划、记录、采购、运输、储存、加工和处理原材料及辅助材料的方法。

■ 订单管理：基于信息和通信技术，高效的接收、验证、计划、实施、控制和记录订单的方法。

■ 计划和预测：有效计划和预测需求（信息、资源等）的方法。

下面将对不同流程类别所应用的恰当的数字化方法进行介绍。

3.2.1 计划方法

针对不同的产品或订单，企业现有生产流程的起点都是计划阶段。计划本身也可以分为很多不同的种类，根据其在企业内不同的专业领域和订单所处的不同阶段而改变。

对于数字化生产的解决方案，可以考虑以下不同的计划方法：

■ 基于客户需求的需求计划。

■ 产能计划和资源管理。

■ 精密计划。

计划的质量会对生产的最终成败起决定性作用，其自身也受到多方面的影响，如所获取的数据、信息及对其提出的假设。随着工业 4.0 的实施和生产数字化的展开，未来的计划将更依赖于实时采集的数据及信息，因此假设所占的影响比率将逐步降低。最终，理想的情况是形成一个可以自我调节的人工智能系统。

为了将来能够实现这一目标，首先必须搭建起此类系统的基础。一方面是企业内部措施，如跨专业领域协作、IT 应用程序和数据源的联网工作，以及相关数据的收集和存储；另一方面则是企业外部联网，如从社交媒体中提取客户需求、联系材料和零部件供应商，以及寻找维护修理的服务提供商。

3.2.1.1　客户需求及需求计划

需求计划要求在 IT 环境中模拟和分析未来的客户需求，对其结果进行评估并投影到未来市场中。简单地说，需求计划就是在总结客户的实际产品使用情况之后，对未来需求的预测。首先，它是供应链流程管理中的一部分，可用于预测哪部分资源能够满足当前的需求。通常，企业可以通过需求计划来确保产品开发或生产的进度以满足客户需求。

需求计划一般会使用统计分析、最佳实践方法及过往/当前需求循环来评估未来的客户需求。这些方法的局限性之一是它们仅考虑了影响需求的相对较小范围内的部分因素，如季节性因素。然而实际上，需求会根据宏观市场的各种经济因素上下波动。

这种局限性意味着传统的解决方案无法提供良好的预测性，而这最终会体现在企业的预期绩效中。2017 年，不同市场细分市场内的平均绝对百分比误差（MAPE）在 25%~70% 变化（图 3.18）。这意味着还有很大的提升空间。

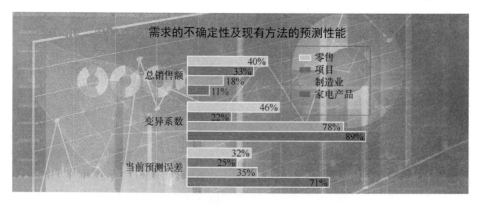

图 3.18　平均绝对百分比误差（MAPE）

需求计划的基本功能是确保业务项目的及时性、高效率及正向的成本效益。其目的在于满足市场上的产品供求关系，以实现收益的最大化；另一方面，它还要确保有足够的材料及资源来完成产品生产。

因此，一份行之有效的需求计划需要大量的信息作为支撑，并且这些信息必须及时、尽可能准确、可用、从质和量两个方面达到要求。只有这样才能形成准确可靠的预测。需求计划的结果还可以作为产能计划的输入，以此为基础开展工作，以便根据当前和未来的需求确定所需的资源。

数据和信息的获取作为需求计划的基础也是非常关键的一环，其中通过与社交媒体或客户门户网站进行数据连接的解决方案是最常见的。此外，产品配置器也能够提供客户常见的选择和配置信息。但在这一点上，本书将不再深入讨论。

3.2.1.2　产能计划和资源管理

产能计划用于评估生产和即将生产的客户订单的计划和优先级，以及在此期间的资源可用性。这样可以确保企业始终具备足够的产能，并可以在适当的时间对所需的资源进行投资。

资源管理则为所有计划内、外的生产活动提供战略资源分配，如材料、机器和人工等。此外，还要对资源根据属性、作用、类型、成本中心或其他条件来进行标识分类。资源管理还包括数据资源的维护。

传统的计划系统，如3.2.1.1小节中所描述的那样会根据需求预测做出决定。因此，一个稳定且可预测的业务环境是此类计划成功的先决条件。

根据当前及未来的发展趋势，产品的生命周期将越来越短；而客户对可用性、交货周期和产品配置的要求则在不断提高。这会带来更多的不确定性和更高的波动性。其结果将会是错误的采购、制造数量或物流地址。企业会试图通过聚集资本、技术密集型措施来抵消这种情况，然而实际结果常常不尽人意。

由需求驱动研究所（Demand Driven Institute）开发的需求驱动物料需求计划（Demand-Driven Material Requirements Planning，DDMRP）是一份物料需求计划的解决方案。在此方案中，整条供应链会依据存储点的位置解耦，并根据客户需求进行控制，从而减少了系统变更，达到稳定物料流的作用。拉动控制模式可以保证库存在耗尽后得到及时补充，这减少了很多耗时费力的补救措施。

DDMRP概念中包含5个依序执行的步骤，如图3.19所示。它们分列在"位置"（position）、"库存极限值"（protect）及具体的计划和执行（pull）这三个大方面。

DDMRP概念的前3个步骤分别是"策略解耦""缓冲配置"和"动态调整"，它们对于具体实施具有重要的战略意义。它们包括了整个计划和其中的各项参数，因此构成了运营计划和具体实施的基础。例如，在第3步"动态调整"中，可以针对动态市场发展（如流行趋势、季节性变化或大型促销活动）带来的短期变化调整计算库存缓冲区的大小。

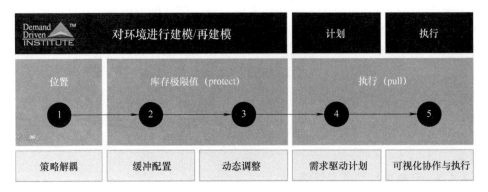

图 3.19　基于需求的物料计划中的 5 个步骤

通过创新 IT 技术为流程提供最佳支持

在第 4 步"需求驱动计划"中，可以根据缓冲区大小、库存数量及库存可用性来针对不同的存储点生成订单。这一步需要考虑订单截止日期前的全部需求量，而具体的计算还要基于其他因素，且十分复杂，此处不再赘述。

第 5 步，也是最后一步，即"可视化及协作执行"设定与当前缓冲区大小相符的清单，执行完成后的缓冲区大小将决定后续采购订单的优先级。库存被使用得越多，其优先级越高。

虽然 DDMRP 概念已经在各行各业的许多企业中成功使用，但是针对各个独立步骤的满足"DDMRP 兼容性"认证的 IT 系统依旧是成功引入和有效运行该概念的前提。

这种客户需求驱动的供应链计划通过缩短交付周期来提高供应链的敏捷性，并且能够降低成本，减少库存量。

3.2.1.3　动态精密计划

精密计划是在考虑资源（物料、机器、工具及人员等）可用性的前提下，对订单中生产部分和时间表进行的详细计划；而"动态"一词是指在出现故障（如机器停机、产生质量问题、生产批次取消或物料链中断等）的情况下可以自动重新规划。

如今，可用于生产的精密计划系统都基于数学优化算法。启发式优化算法得到了广泛的应用，其特点在于，可以在短时间内计算非常庞大和复杂的模型，并且计算结果（解决方案）的质量往往很高。在实际的生产过程中，所设定的目标及对精密计划的限制往往十分复杂。此类优化的目的在于：

- 优化设备或机器使用率。
- 优化资源利用率。
- 最小化库存及存储需求。

- 最简化准备工作。
- 增加产量。
- 提高截止日期遵守率。
- 最小化总拥有成本（TCO）。

随着工业 4.0 的实施，业务与生产流程之间信息流的连续性得到提高，并且流程透明性也有所改进，这都得益于精密计划在 ERP 和车间之间的数字网络中所发挥的作用，它确保了生产订单的顺畅进行，缩短了交货时间并优化了成本。

但是，在不久的将来，根据可用资源及产能，针对交付时间和生产成本的订单优化，以及优化结果的可视化图形展示将不再能够满足要求。由于生产结构的复杂性不断提高，未来的精密计划解决方案必须能够规划多个生产区域，如预装配和最终组装工位。这并非要将所有生产区域整合成某一个生产系统，而是希望将各个单独的系统联网形成企业范围内的计划网络。此外，其他的资源管理系统（如人员、工具、备件/维护等）也都需要集成到该网络中，并在整个计划中考虑它们所提供的数据和信息。

但是，所有的计划最终都要在现场实施和执行，并且在计划中进行人工干预的可能性非常有限，尤其是在短时间内要对故障做出短期反应，这往往还耗费巨大。因此，面向车间建立互联网络是十分有必要的。换句话说，如果发生了计划外的故障，如机器停机或原料缺少，必须能够做到快速自动识别，并将其影响动态地引入到后续计划中。自动形成的修改计划会向相关负责人提供措施建议，以使干扰的影响程度最小化。从中可以得出以下要求：

- 快速、自动化、基于优化的计划/重新计划。
- 针对所有生产订单和阶段的最佳生产计划。
- 自动考虑人员、工具和维护计划。
- 考虑物料需求计划。

此外，数据和通信安全也与此相关，这不仅仅是云平台解决方案所必须的。目前肯定还有部分企业，它们有着经验丰富的员工可以完成手工计划，并且成果显著；但是随着系统复杂性的提高，这一过程将变得越来越困难。从长远来看，随着人工智能和自学习系统（神经网络）的发展越来越成熟，精密计划将是它们一展拳脚的好地方。但是，这些新技术及现代系统都需要大量数据作为支撑，然后才可以分析并自动做出有效的决策。

3.2.2　执行方法（Execution）

在本书的这一部分中，我们将会把重点放在生产的执行或具体实现上，也就是实现生产流程的解决方案。而与生产基础设施相关的解决方案将会放在 3.3

节中进行讨论。

第一种要介绍的方法是产品的数字孪生。通过这种方法，每一个生产单元都有一个 3D 模型（图 3.20），并且可以将它集成到相应的软件解决方案中（图 3.21）进行动画处理，即实现对生产流程的模拟。

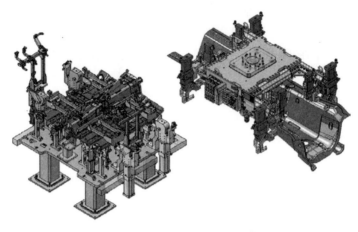

图 3.20　某个生产组件的 3D 模型

图 3.21　生产流程的模拟

这些软件解决方案可以在各个不同领域得到应用，从简单的控制仿真到单个机器的仿真，甚至是整条生产线或整块生产区域的复杂模拟。此外，仿真的目的也不尽相同：

- ■ 工作站之间的协调配合。
- ■ 节拍优化。
- ■ 机器人仿真。
- ■ 生产计划，定制生产。
- ■ 虚拟控件调试。

■ 完整的生产流程模拟。

仿真的细节化程度需要在成本与精度之间找到平衡。较多细节的仿真模型通常比较少细节的模型成本更高。这种基于模型的仿真不限于技术设备，还可以将工作人员集成进来，对于工作人员的操作流程及与机器人之间的协作进行分析和优化。

除了优化生产流程，这种解决方案还可以帮助企业更快地推出新产品，并从根本上降低成本，从而带来更多的优势。这些模型的初始数据都是制造商的设置值或默认参数；将实际生产中的数据回传至模型中，可以进一步提高仿真质量；如果可以更深入地推动这一理念，则能够形成一个封闭的仿真闭环。这意味着将实际生产中的数据反馈回仿真模型，并将仿真结果中的数据用作机器和系统中的参数，以实现生产流程的连续优化。

而达到上述目标所需的连通性和通信本身也是第二种解决方案，记录并传输每个生产单元的当前工作状态。这一任务在如今的生产流程中由原始设定的连接完成。遵循工业 4.0 的理念，每个生产单元都是工业 4.0 组件，并通过接口提供或发布（publish）其当前状态；而其他工业 4.0 组件就可调用或申请订阅（subscribe）这些数据，如图 3.22 所示。这样的接口一定是双向运行，它可以接受生产相关的，或下一个与订单有关的设定值，从而使生产单元更加灵活地适应当前要求。

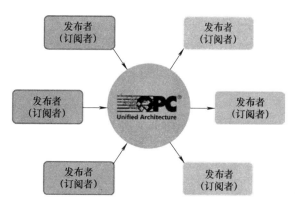

图 3.22　OPC UA TSN——发布订阅模型

在推进工业 4.0 时，提高每个生产单元的自动化程度也是必不可少的解决方案。通过其他传感器记录拓展信息常常是工业 4.0 应用程序的基础（图 3.23）；同样地，执行器也是如此。其目的在于通过附加可调整选项，让生产单元可以更灵活、广泛地得到使用。

此外，生产单元上的控件可以对状态信息进行预处理，以便实现之后的自适应控制功能。

应用于无人机和机器人的传感器技术路线图

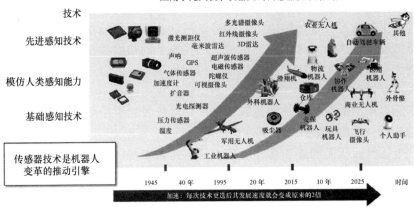

传感器技术是机器人变革的推动引擎

图 3.23　传感器技术路线图

3.2.2.1　生产类型学

基本上，企业的生产类型可以总结为如下 4 种中的一类（可参阅"3.2　生产流程的解决方案"）：

- 按库存生产。
- 按订单组装。
- 按订单生产。
- 按订单设计。

图 3.24 所示为所有 4 种生产类型的发展方向。

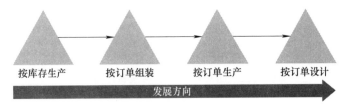

图 3.24　生产类型的发展方向

这些生产类型的区别在于由实际客户订单确定的部分与预测部分的相对比率，也就是说，在哪个特定的制造时间点上产品将会与订单产生关联。图 3.25 所示为预测结果和客户订单之间的解耦点，通常它也被称为与客户或供应商的交互点（图 3.16）。

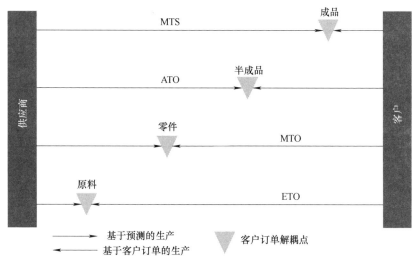

图 3.25　客户订单解耦点

表 3.2 所示为各生产类型针对不同评价标准的横向对比。从中可以看出，只有通过"按订单生产"和"按订单设计"才能实现工业 4.0 所追求的定制生产。这两种生产类型能够实现较高的产品差异性，并以最佳的方式实现客户的需求与愿望。

表 3.2　MTS、ATO 及 MTO/ETO 之间的对比

	MTS	ATO	MTO/ETO
客户关系	低/疏远	销售部门	研发及销售部门
交付时间	通常较短，取决于成品库存状态和可用性	短期到中期，取决于待装配零件及生产组件的可用性	通常较长，取决于企业研发和生产资源的可用性
产量	高	中到高	低
变型产品数量	低	中到高，取决于各个待装配零件之间的适配性和不同组合	高
产品规格	无用户期望	根据客户订单中对待装配零件的组装要求	完全依据客户需求和期望

如果将 MTO 和 ETO 引入企业的各个生产点，或将企业整合到相应的制造网络中，都会在降低成本（库存量、存储成本）和产品定制方面表现出潜力。

但是，为了最大程度地利用这种潜力，企业还需要更智能、更复杂的应用程序，以确保内部所有专业领域之间的信息流动保持流畅，相应的概念架构如图 3.26 所示。

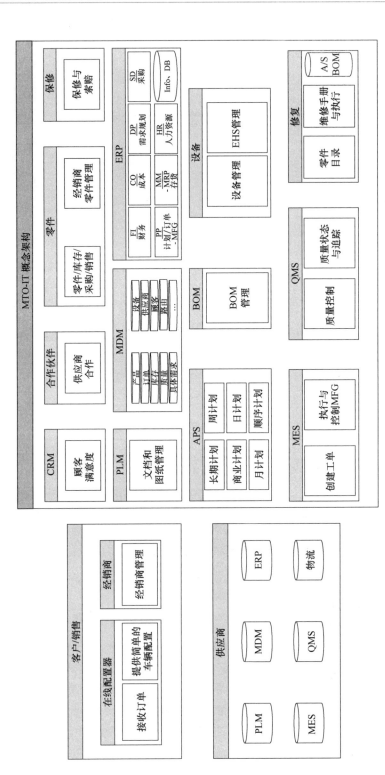

图3.26 MTO/ETO-IT概念架构

3.2.2.2 动态工作计划

现在的工作计划包含一系列严格的生产产品所必须执行的步骤,当然也可以通过一些分支、替代方案、可选或并行过程及循环来帮助实现最小的灵活性。

而"动态工作计划"这一概念的特点在于,即使在某个订单或生产批次的生产过程期间,也依旧可以对其进行调整。

在实施工业 4.0 的过程中,客户的需求不断变化增长,但所要求的产量却在不断降低,甚至有些是定制化产品。为此,需要将原本严格的工作流程发展成决策树的模式(图 3.27),以更好地适应生产设备的变化,无论是大型流水线生产还是单一车间加工。

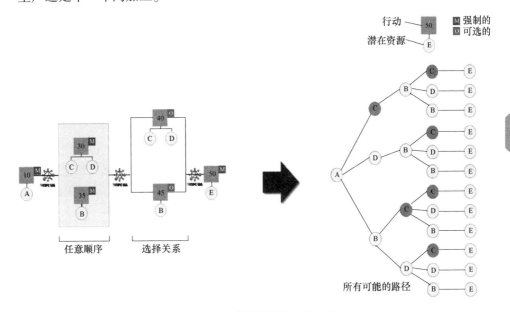

图 3.27 决策树模式的工作计划

这需要用到能够持续监控工作计划执行情况的复杂软件。例如,它能够通知工作站的员工使用哪台机器来完成订单的后续步骤;而在机器发生故障时,它还能自动重新安排工作计划。

在未来的解决方案中,如今的固化决策树方案将被人工智能所取代。从长远看来,能够根据工作计划中的预设值和参数自主控制组织的自学习系统将成为主流;而依照固定流程或使用决策树的工作计划将不再使用。

3.2.3 监控方法(Monitoring)

当我们谈论工业 4.0 和生产数字化时,最先想到的就是"唾手可得"的潜力、轻松廉价的实现方式,以及带来的高额收益。预测性维护就是一个典型的例子。但需要注意的是，和其他全部工业 4.0 用例一样，它也是一个集成式的场景方案。脱离整体的本地实施方式，也就是所谓的孤岛解决方案，最初可能会带来预期的结果，但日后却无法集成到企业的工业 4.0 架构或数字化策略中，或者仅能在耗费大量财力，引入更高水平的技术方案之后才能实现集成。

生产过程中的监控用例是实施工业 4.0 的基础之一，对生产及所有相关流程、产品本身，以及基础设施的监控也构成了其他工业 4.0 用例的基石。监控的引入大致可以分为以下四个步骤：

- 创造透明度。
- 实现可追溯性。
- 进行分析。
- 做出预测。

这四个步骤相互关联，相互依存，并且可以（至少一部分）平行执行。在接下来的章节中，将会对此进行详细讨论。

3.2.3.1 透明生产

在这一步中，首先要做的就是为生产中的各个单元（如机器、工件、工具和运输工具等）配备可以检测记录数据的传感器，并实现联网，也就是建立标准化的数据连接，实时报告其当前工作状态。将获得的数据汇总成信息流，就完成了当前生产状态的数字孪生，而这也是后续步骤的基础。不间断组网如图 3.28 所示，联网生产如图 3.29 所示。

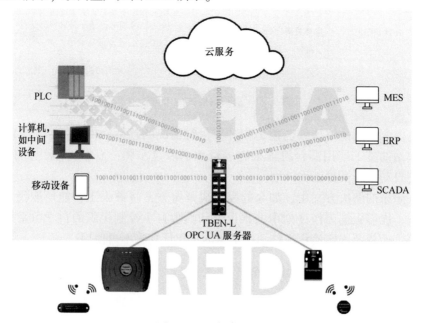

图 3.28　不间断组网

图 3.29　联网生产

　　此外，保存所获得的数据和信息也便于进行历史记录查询和分析。丰富的数据来源，包括来自类似 MES 或 ERP 等系统的订单信息，也带来了新的可能性。然而，此类数据往往与时间强关联，因此必须确保在任何系统中都以时间同步的方式存储。

3.2.3.2　可追溯性

　　为了实现可追溯性，同时也便于在生产过程中进行对比观察，必须对订单、工件及工具进行记录，为它们分配唯一的编号是很好的解决方案。但是，各种编号方法的存储或记录方式都各不相同，如何确定编号也是一个问题。

　　1. 编号

　　下面列出了最常用的编号方法：

- 一维码/二维码（1D/2D-Barcode）示例如图 3.30 所示。

1D-Barcode　　　　2D-Barcode

图 3.30　条形码（一维码）和二维码示例

　　我们很容易区分一维码和二维码。

　　一维码，也就是经典的条形码，由一系列宽度不同的黑条与空格组成。此外，有时还会有一些纯文本形式的字符作为补充。一维码因其信息彼此相邻地排成一排，又称条形码。

　　二维码则是矩形符号，由小方块组成的几何模型块构成。这些几何模型块按一定规律在平面（二维方向）上排列，二维码之名也是因此而来。

　　两者各自的优点如下。

- 一维码：
  - 系统已维护多年。
  - 兼容大多数扫描仪。
  - 易于生成和复制。
- 二维码：
  - 更高的信息密度（更多字符）。
  - 对错误或损坏的容忍度更高。
  - 2D 扫描仪也可以读取一维码。
  - 全向可读性。
  - 适用于 DPM（Direct Part Marking，直接标记）。
- 快速矩阵响应码（QR 码）示例如图 3.31 所示。

QR 码是二维码的一种特殊形式，其中的 Q 和 R 源自英语的单词"Quick Response"，也就是快速响应的意思。它具有自动纠错的功能，可以使整个认证过程更具鲁棒性。

图 3.31　QR 码示例

此外，还已经发展出了 Micro-QR-Code、Secure-QR-Code（SQRC）、iQR-Code 及 Frame-QR-Code 这样的拓展形式。

- 数据矩阵码（Data-Matrix-Code）示例如图 3.32 所示。

图 3.32　数据矩阵码示例

数据矩阵码是二维码的另一种形式，也是使用最广泛的一种。

- 射频识别（RFID）标签示例如图 3.33 所示。

图 3.33　RFID 标签示例

RFID 是 Radio Frequency IDentification（射频识别）的英文缩略语，或者用德语解释就是"借助电磁波识别"。它是一种使用无线电波自动化的、非接触式的定位对象技术。

RFID 收发器系统由一个发射应答器（标签，图 3.33）和一个读取单元（雷达）组成。数据耦合则由读取单元在小范围内产生交变磁场或通过高频无线电波完成。这套系统不仅可以用于数据传输，还可以为无源应答器提供能量；而带有电源的有源应答器则可以扩大搜索范围。

读取单元包含一个读取软件及与其他系统的软件接口。大多数读取单元都是读/写单元，它们不仅可以识别和读取应答器，还可以对其反向写入。

2. 个性化

个性化是一个非常宽泛的应用领域，在工业 4.0 中，它将员工置于工作的中心。针对这一点，我们会常常提到"增强算符"（augmented operator），这是一个很恰当的概念。这意味着员工在工序流程的特定时间点能够获得完全准确相关的数据，并以其所希望的形式呈现。理想情况下，这类功能可以在每个员工的个人设备上完成，也就是需要他/她以个人身份登录的设备。

3. 动作（aktionen）

与数据采集同样重要的是审计追踪。这在需要批准生产的工业领域尤为重要，如制药业。审计追踪是质量保证的应用程序，它记录了流程过程中的全部变更。因此，审计追踪提供了无缝流程跟踪及干预（如修改、删除）的可能性。它通常会记录以下数据：

- 使用者。
- 时间。
- 更改的数据。
- 时间戳。
- 系统/设备。
- 原因。

这些信息还有助于提高生产透明度，并为后续评估和分析提供有价值的支持。

3.2.3.3 数据分析

当完成了前两个步骤，并且拥有了足够数量和质量的数据之后，就可以更进一步进行分析。

模式识别（mustererkennung）是其中的关键因素。它既可以通过自动模式识别程序完成，也可以请市场上的相关分析专家来进行重复模式识别。

我们可以想象，一件智能网联产品能够通过其数字组件本身形成数据表，并提供相应的模式样本，如会导致故障的数据组。如今，SAP 已经可以依靠资产智能网络（AIN, Asset Intelligent Network）和它背后的 SAP HANA Cloud Platform（HCP 云平台）提供云数据库解决方案。分析的图形表示如图 3.34 所示。

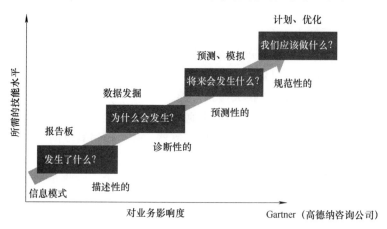

图 3.34　分析的图形表示

3.2.4　预测及改进方法

通过使用预测服务，企业可以在一定程度上对未来状态的变化进行预测。如此一来，企业可以为可能出现的情况做好充分的准备，并且在早期，类似于计划阶段，就将预测得到的信息考虑在内。这样可以减少因故障导致的停机时间，并让企业可以仅在必要的时刻或非生产时间进行机器维护。

下面将介绍预测分析的实现过程。在此类过程中，企业通常会在各数据层级上执行不同的步骤。

首先，要确定具体解决方案中最核心的"参与者"，这需要根据整个过程中所涉及的不同专业领域来完成。其次是分析历史数据，并对新方法进行讨论和评估。其最终结果是制定和实施某项具体计划，以推进预测分析功能。在整个实施过程中，对数据的分析方式及与先前分析相关的有效性评估可能会因案例而异。但是，它们的最上层都是相似的：通过分析实际数据和个人评估来做出有关未来事件的预测。

预测分析辅以正确的方法论能够为企业活动和决策过程提供有效的支持。预测分析提供了一种利用现有知识和方法，以全新的角度看待信息的方法。它可以与当前的流程并行，并同时做到提供新的思路和方法；测试已有的想法以验证或反推新方法的有效性。其关键步骤总结如下：

■ 确定目标，收集历史数据，并将目标映射到关键数据点上。通过这一步骤，企业可以确定面临的问题及所需的数据是否可用。

- 开发预测模型，对数据进行分析，并得到可视化结果。此步骤让企业能够从历史数据中心得出面向未来的分析和见解。分析过程可以使用专门的软件或应用诸如 Python 之类的编程语言实现客户的特定逻辑。
- 评估结果以确定分析是否有效。如果有效，则采取措施进行实践。
- 最后，根据新的发现和改变重新进行分析以实现过程的迭代。

图 3.35 详细地展示了以上步骤。

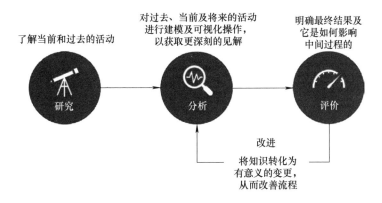

图 3.35　预测性分析的 4 个步骤

3.2.5　实际案例

现如今，各种主动支持工业 4.0 实施的扶持/资金计划或能力建设中心可以为企业提供帮助，并且已经成功完成了许多项目。这里将介绍两个中小型企业的代表性项目，信息来自德国巴登符腾堡州智能数据方案解决中心（SDSC-BW）。

1.1 号案例

该案例是关于一家为汽车业提供高质量组件的企业的研究。这些高质量组件不仅针对各车型专用，而且还要求"准时化顺序供应"（Just in Sequenz，JIS）；之后的交付也必须准时（Just in Time，JIT）。从客户订购到最终交付，这是一个非常复杂而且时间紧迫的过程。由于个别步骤的延迟或其他不可预见的影响而导致的与生产计划的偏差都可能直接导致交付问题。

生产计划阶段的可用数据往往是静态的，而且其适用范围也十分有限，这也是传统计划工具的瓶颈。而应用智能数据技术有助于识别、分析和评估计划延迟的潜在影响因素，其结果也可以反向丰富生产规划的数据库。事实证明，个别机器上某些组件的组合常常会使计划偏离。因此，必须明确原先的生产计划是否足够灵活，是否将机器状态纳入了考虑范围，或者当机器状况发生变化时能否及时地做出反应。通过使用实际生产数据强化现有的数据集，可以实现动态生产计划这一目标。

此外，明确不同加工链的功能也可以优化对生产时间的估算，而应用强大的现代算法更是可以做到锦上添花。在此基础上，生产成本的估算也会更加精确。

2. 2 号案例

该企业开发、生产和销售适用于各领域及行业的高质量润滑油。这种化学产品的生产必须遵循最高质量标准，并且其生产过程本身就是一个复杂的过程，涉及许多因素。为了确保产品质量，需要对每个工作步骤，包括加工设备和配料进行监视和控制。

由于数据分布在不同的系统上，而且格式也不尽相同，这使对生产过程中未知关联的检测变得更加困难。

该项目的任务就是使用现代智能数据技术在上述数据的基础上分析生产过程，以识别未知的相关性并提炼出优化的可能性。

润滑油的特性需要通过非常敏感的测试来确定。对于某些产品，该企业希望从新的角度，即完全中立的角度来看待整个生产过程的数字孪生。最初的考虑因素有三项，分别是生产过程、所用材料的质量及相对应的生产配置。在分析这些因素时，还要考虑来自 ERP 系统和 PLS（过程控制系统）的原始数据，以便确定哪些因素会影响产品的性能。

实际上，还可以通过智能数据技术（自动决策树）来推导材料和产品质量之间的联系。对于特定的产品配置，如批量大小不同，情况也会有所不同。这里不再具体展开。

3. 总结

这样的应用实例表明，对于中小型企业而言，入门工业 4.0 也是十分值得的。想要以合理的付出取得可观的成功，就必须采用正确的方法，本书旨在为这一方面提供帮助。

3.3　生产设施的解决方案

之前的章节已经讨论了针对生产流程及产品本身的解决方案，这一部分的内容将专门介绍生产基础设施。当然，这一点也会随着新技术的可用性而持续改变（有关基础设施解决方案的具体实施请参阅"技术引擎"章节）。

常规的生产基础设施，如生产线，因为变型产品的增加和批量的减少而不能再有效地提高生产灵活性。

图 3.36 所示为本章节将讨论的通用工业 4.0 架构中的部分。

1. 基础设施领域实现解决方案的"技术引擎"

以下就是生产基础设施相关解决方案中的技术促进措施，也就是技术引擎。

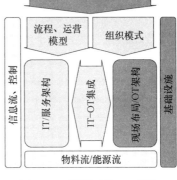

图 3.36　通用工业 4.0 架构

- 连通性：
  - 实时生产网络。
  - 通信协议。
  - 网关——接口/连接器，通信系统之间的过渡组件。
  - 生产/通信平台——层级式（自动化金字塔）、SOA（物联网平台）、边缘计算。
  - 点对点通信基础架构——点对点通信支持。
  - 接口管理——点对点通信管理。
- 适应性/可扩展性：
  - 智能传感器和执行器——多维度。
  - 面向服务的架构——云服务、物联网平台。
  - 虚拟化。
  - 可配置化——通过配置实现功能或适配。
  - 基础设施管理——基于库的基础架构组件管理。
  - 增材制造——3D 打印。
- 可合作化/用户友好化：
  - 人机协作——人/用户、机器人、机器、运输系统和设备等。
  - 移动端设备——针对个人和单件设备的多平台整合界面。
  - AR/VR——与数字孪生的交互。
  - 离散化生产控制。
  - 远程/外部服务——远程监控和维护。
- 智能化/安全性：
  - 集成式数据管理——数字化、数据管理的基础。
  - 资产生命周期管理——基础设施/库存管理。
  - 拓展/实时分析。
  - 机器学习/人工智能——平台服务。
  - 根据预设、预测和需求维护——平台服务。
  - 网络安全——信息和通信安全（IPsec、知识产权）。
  - 授权概念——区块链，包括技术、法律、组织、商业。

● 操作安全——包括所有相关的安全法规（职业安全、环境保护等）。

接下来将通过示例更详细地讨论上述技术引擎。

2. 连通性——点对点通信基础架构

机器与机器之间的通信无疑是改变生产基础设施和实现工业 4.0 的最根本的技术引擎之一。为此，我们又引入了 P2P 通信，其中的 P 既可以指代生产流程（process），也可以是产品本身（product）。当然，生产基础架构会由多个单一产品组合而成，它们之间的通信也包含于此。每一台设备都可以与生产中的其他设备通信，这正是解耦刚性生产架构和预规划生产流程的基础。

3. 适应性/可扩展性——智能传感器和执行器

此类传感器不仅可以检测运动，还能识别运动方向并计算速度。这意味着，无人驾驶运输系统可以安全地在生产区域内移动，并被其他的基础设施单元，如机器或门禁系统识别，从而完成进一步的适当动作。愈加智能的执行器可以完成越来越精确的控制，其自身也带有传感器用于确定工作状态，并通过网络进行通信。

4. 用户友好——人机协作

协作机器人，又称外骨骼，可以用来帮助员工完成困难或单调的体力劳作。机器人必须可以区分与障碍物的碰撞还是工作中有计划的故意接触。为了实现这一点，可以专门为此工作区域开发的机器人的轴端添加扭矩测量设备或是集成扭矩传感器，前者更廉价，而后者更精确。例如，通过使用来自 Blue Danube Robotics（维也纳）的专利产品——触觉传感器皮肤，就能将传统机器人改装成协作机器人。

5. 智能/安全——网络安全

通过安全的软件来实现安全的机器通信：开发各种软件模块以保证工业 4.0 各个应用领域的数据交换安全。这包括多个不同的、应用于架构不同位置的组件，可确保控制及安全数据加密融合为整体解决方案的一部分。

例如，这样就能够安全地建立起远程网关和中央网关之间的加密连接。远程网关可以直接布置在现场设备和/或机器上。当然，它也可以用作虚拟适配器，以整合源自其他设备已加密或未加密的数据，如传感器和摄像头等，最终再以加密的形式进行二次传递。中央网关在接收远程网关的加密数据之后，会将它传输到其他的下游系统。这样的连接系统可以实时地把视频信息传输到控制中心、机器制造商或操作员处，并且在确保加密传输的同时保证控制参数的安全性，并提供简化调试的可能性。

6. 加密和认证

终端设备和两个网关之间的所有连接都使用最新的算法（如 Suite B 加密技术）加密。另一个安全功能则是由公共密钥管理设施（PKI）集中管理的机器证书，这样可以保证所有终端设备都具有唯一的身份信息。当每次建立连接时，都会检查由受信机构（CA）所颁发的签名证书的有效性（有效期内）和可信性，并脱机或联机检查是否已被禁用。

亮点：

- 机器证书中央管理。
- Suite B 加密技术；最先进的数据加密及传输技术。
- 使用统一标准。
- 经过英国标准协会（BSI）验证的组件。
- 同样适用于特殊区域的基础设施。
- 所有组件集中管理。
- 可集成到现有基础架构中。
- 可平台化。
- 强身份验证。
- 虚拟化。
- 管理系统也可以与传统的远程访问 VPN 一起使用。

3.3.1 生产单元

工业 4.0 的引入和相关的生产数字化是一个长期的转型项目，在此期间必须对现有的生产基础设施进行改造，换句话说：适配。

本书中的生产单元可以被理解为单台机器、工作站或生产中的任何其他组件。

在工业 4.0 平台（BMBF 2013）针对未来工业 4.0 项目的实施建议中也提到了工业 4.0 组件这一概念，其特征由本身的结构组成与所能实现的功能决定。如果将 4.0 方案逐步应用到现有的生产单元上，就可以创建更多的智能生产单元。如此一来，企业就可以灵活地连接各个生产单元，实现功能复用；并在可设置的参数范围内调整正在进行的生产流程。为此，需要根据不同的类型和用途对生产单元加以扩展：

- 用于自我监控的智能传感器（状态）。
- 用于控制的智能执行器（反应）。
- 用于自控或数据预处理的微控制器。
- 用于缓冲信息的内存。
- 将通信集成到网络中。

以这种方式创建的生产单元的模块化，以及每个生产单元的全新功能不仅可以实现更灵活的生产，还是实现工业 4.0 应用的基本前提。

智能工厂 KL 的工业 4.0 系统（图 3.37）为我们提供了一个实施示例。不同类型和应用领域的生产单元由不同的供应商实现自动化，并最终以模块化的方式连接到一起；但是这样的连接并没有常规生产线的严格规定，而是可以根据实际生产需要灵活地扩展或重新设计。

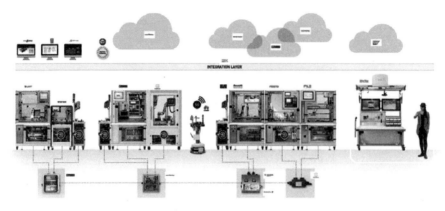

图 3.37　智能工厂 KL 的工业 4.0 系统

总而言之，未来生产所面临的挑战和由此带来的对于基础设施的新需求，都可以通过有针对性且持续地在现有生产单元上应用工业 4.0 解决方案来实现。当然，上述措施也适用于研发和使用新的生产单元。

3.3.2　流水线

传统意义上的流水线很难灵活地实现生产具有大量变型产品，或是客户定制化的产品。

近年来，更高的自动化程度和得到改进的连通性使生产线上各个工位的参数可以直接和订单挂钩，在不同变型产品的可管理性上取得了良好的效果。但是，这也仅仅适用于生产某产品的不同版本或生产十分相似产品的流水线。

然而，未来生产的特征将会是：能够对市场情况和需求做出快速响应；更快地实现产品迭代，以及可以灵活地应对生产过程中的干扰和外界影响。

如何更快地对市场需求做出响应？根据企业现有的可用资源对其进行动态分配。这样做的先决条件是在规划和搭建时对生产基础设施进行了设计，使他们无须耗费大量的软/硬件修改就可以适用于各种产品。但是这很难依靠传统的流水线来实现，因此现阶段在不从源头打断生产链的情况下，往往会依靠模块化或利用交互操作之类的方案来使生产更加灵活。然而，经典流水线的主要问题在于，当工作站或机器发生故障的情况下，整条产线需要停机；用它来生产小批量和特殊定制的订单很费时，甚至难以实现。

流水线的替代方案可以是车间或岛式生产。由于没有刚性连接，所以它们更加灵活。以车间生产为例，将用于完成类似生产任务的机器组合形成一个孤岛，依托软件支持，通过能够有效处理生产订单的方法来组织工作。智能传感器、端到端网络连接及生产中各个组件间的直接通信等新技术创造了生产透明度，并通过实时交互为员工提供各种技术支持。借助这种以 IT 支持的新流程组织，在打断原有固定生产链的同时，不会损失效率和降低可靠性。

图 3.38 和表 3.3 及表 3.4 概述了与离散制造相关的各种制造原理，包括其优缺点和物料流。

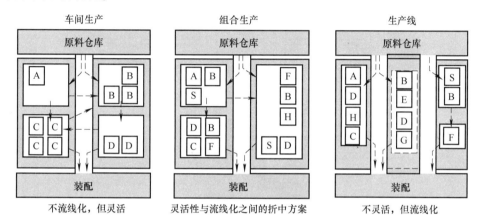

图 3.38　不同制造原理的物料流概览

表 3.3　制造原理（Aunkofer 2011）

原　　理	分 类 规 则		
	功　　能	空　　间	时　　间
车间生产	面向工序	车间	与批次相关
组合生产	面向零件族	组合	与件或批次相关
流水线	面向流程	流水线	与件相关

表 3.4　不同制造原理的优缺点（Aunkofer 2011）

原　　理	是否灵活	是否流线化	适　用　于	加工方式
车间生产	是（非常）	否	大量变型产品，订单变化	单件/小批量生产
组合生产	部分	部分	零件组合	小、中、大批量生产
流水线	否-极高的投资需求	是（完全流线化）	生产量大，变型少，订单变化小	大、特大批量生产

从流水线生产向车间生产的发展如图 3.39 所示，未来生产如图 3.40 所示。

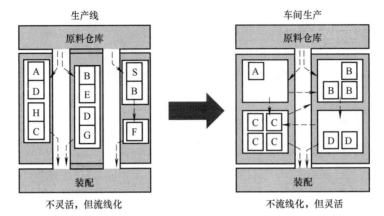

图 3.39　从流水线生产向车间生产的发展

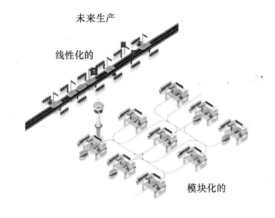

图 3.40　未来生产

3.3.3　混合制造

既然已经考虑了单个生产单元及其布置的解决方案（如将原有生产链打散到各个车间内），那么这一章节会将重点放在两者的组合上。

方法之一就是将生产线和车间合并为组合生产（gruppenfertigung，图 3.40和图 3.41）；而表 3.3 和表 3.4 列出了小组生产与纯生产线或车间生产的对比信息。

组合生产融合了生产线和车间生产的各自优势。尽管这仍不是最佳选择，但已经是一个很好的折中方案了。和传统的制造执行系统（MES）一样，这样的解决方案也依靠智能管理软件来实现生产，确保产品质量、材料供应和机器维护，并结合了车间的灵活性和流水线的工作效率。

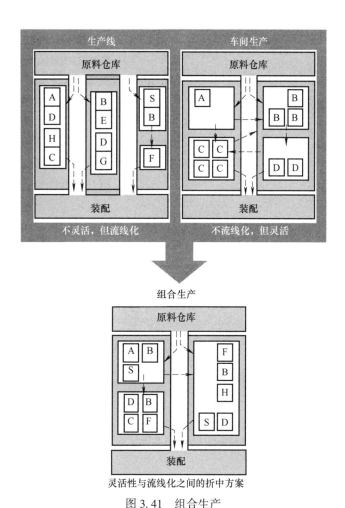

图 3.41　组合生产

3.3.4　装配

实际生产中的装配往往有如下特点：除去可以使用全机械化和自动化的系统及机器执行的操作步骤，还有一些步骤很难，甚至无法由机器执行，而是需要员工手工进行。

但是，也存在针对此类生产活动的解决方案，在新技术的支持下，这些方案得到了越来越多的使用，帮助员工更好地开展工作。下面将对应用最多的两种方案展开详细讨论。

1. 协作机器人

解决方案之一就是使用机器人进行体力劳动或完成单调重复性工作，这也就是俗称的人机协作（MRK），机器人与员工共享工作空间，且无需单独的保护装

127

置。而员工和机器人在这个空间内如何协同工作则具体取决于工作类型和所用的应用程序。MRK 中的 "K" 可以代表以下 3 种含义。

1) 共存 (Koexistenz): 没有防护罩的机器人和员工在邻近的区域工作，但不存在公用的工作空间。一个示例就是机器人单元中带转盘的装载站 (图 3.42)。

2) 合作 (Kooperation): 员工和机器人共享一个工作空间，但在不同的时间点工作。一个示例就是组装机器人的转运站，员工首先将零件放入其中，然后由机器人将其捡起 (图 3.43)。

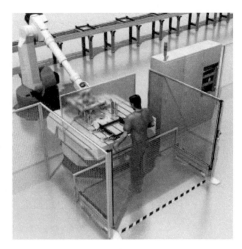

图 3.42　工人与机器人同时存在

3) 协作 (Kollaboration): 协作是两者之间最紧密的合作方式。员工与 "协作机器人" 拥有共同的工作空间，且同时在同一个组件上工作。一个示例就是组装站，员工和机器人在同一工件上执行不同的任务 (图 3.44)。

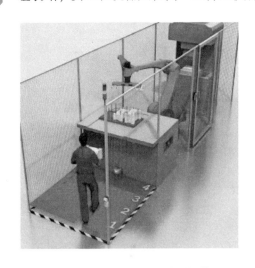

图 3.43　工人和机器人共同操作

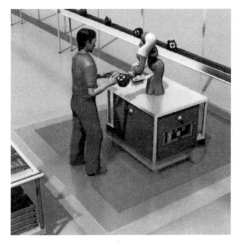

图 3.44　工人与机器人协作

图 3.45 和图 3.46 所示为现实应用中的人机协作情况。

有许多制造商可以交付 "协作机器人" (cobot) 的成品，图 3.45 和图 3.46 便是其中两家的产品。

另一种有意思的选择就是将现有的机器人改造成 "协作机器人"，正如前文所述，这一点可以通过在机器人上安装触觉传感器皮肤来实现。

图 3.45　宝马慕尼黑工厂内的人机协作

图 3.46　人机协作

2. 外骨骼

外骨骼是生物外部支撑结构的总称。肩部、上臂和前臂的外骨骼通过符合人体工程学设计的外壳系统和肩带连接到一个整体托架上；此外，背部模块和髋部支撑系统是对整个系统的补充，受力也会通过它们向下传递。

肩部区域配有关节链，可在各个位置跟随肩部动作，这样也确保了在上、后、内三个方向上对身体提供支撑。外骨骼支持并大幅简化了头顶任务的难度。

背部模块以人体脊柱为模型，这保证了它可以完成所有的自然动作，并提供被动支撑，以防止员工在执行举升操作时脊柱不健康的弯曲。此外，内置控制器可计算出每个关节动作需要的扭矩，这有助于在运动过程中提供有效的支持。

基于实际运动分析，软件程序可以计算所有身体部位的运动学和动力学数值，这有助于根据员工的动作准确调校外骨骼。

外骨骼的经典应用场景：

■ 减轻举升和头顶作业任务的难度。

■ 作业支撑，将额外载荷转向臀部或地面。

■ 运动作业中的普通支持和缓解。

通过使用这样的外骨骼，能够给生产带来积极的变化。在员工工作时，为其提供人体工程学领域的支持，保护员工健康的同时增加了工作场所的吸引力，也提高了生产率，参考图 3.47 和图 3.48。

图 3.47　外骨骼被应用于宝马斯巴达堡的工厂里

图 3.48　宝马在其位于美国斯巴达堡的工厂中引入外骨骼辅助工人完成批量头顶作业

企业的利益或增值情况一方面在于预防与工作相关的疾病，另一方面则是在相应的工作环境下更长久且持续化的利用员工。如今的人口变化趋势也使这一点变得越来越重要。

3. 运动过程仿真

另一种不应被低估的方法则是通过软件来模拟和分析装配中的运动过程，或者是整个生产过程中的所有人工活动。

之前提到的两种关于装配的解决方案已经利用我们所提到的技术（协作机器人、外骨骼）在各自领域形成了最佳的解决方案。

在虚拟环境中模拟物理运动的方法有很多，也就是我们所说的装配生产的数字孪生。这里我们将简要提及两种方法。

其一，测试人员穿戴带有标记（发光点，如灯或 LED）的服装，然后使用专门的摄像机捕捉这些标记并形成虚拟图像，最后对这些点进行插值连接来模拟运动。

其二，使用电子传感器，在虚拟图像中形成参考点。现在已经有了成熟的全身套装，即"智能套装"（Smart Suits），它配有大量的传感器，可以进行十分逼真的模拟（图 3.49）。

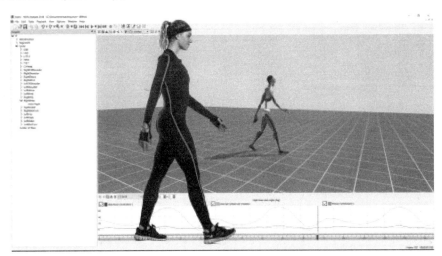

图 3.49　3D 动画和分析

装配过程或某单一的工作站的数字孪生都可以通过库中的 3D 模型来完善，如货架、工作台等；虚拟工具或工具系统的集成也同样可以实现。数字孪生可以对现实进行整体模拟，并在虚拟环境中对运动和交互进行仿真和分析，因此可以做到优化流程，并且可以基于人体工程为流程安排和工作站辅助设备的摆放提供帮助（图 3.50 和图 3.51）。

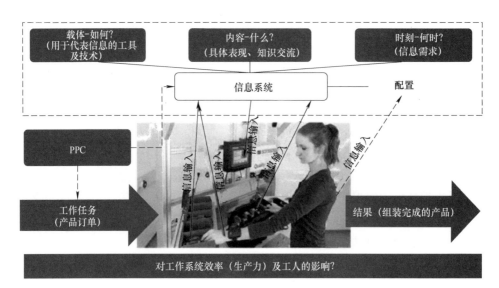

图 3.50 数字与视觉辅助

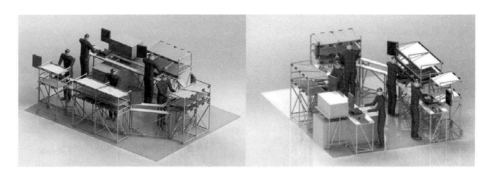

图 3.51 数字化装配

3.3.5 可提供支持的方法和组件

由于生产和企业内部各个领域都有很强的关联性，因此某些方法和组件或它们所使用的部分解决方案会对生产产生重大影响，这是我们不能忽略的。

1. 生产的供应

生产中最重要且关键的依赖关系就是材料的供应及半成品/成品余量的运输，但接下来要详细讨论的并不是实际物流在其中的作用。

首先要考虑的是组织此类流程的方法，它们在企业范围内的一致性及新的技术能够给这些方法带来哪些新的可能。

如前所述，这些方法实施的前提是企业内各个专业领域和它们所使用的 IT 程序之间的联网，包括开发、销售、采购、计划、生产、质量、维护、服务等。

很重要的是，信息交互需要更贴近生产，且必须是双向的，使交互过程更快捷，甚至是实时完成。一旦完成这一目标，看板管理和物料供应过程控制等方法就可以实现数字化，且得到优化。

而通过技术辅助工具或相关解决方案实现的防呆原则（poka yoke）也是如此。

质量相关的六西格玛在实施和处理方面也会因此产生新的可能性，如图 3.52 所示。

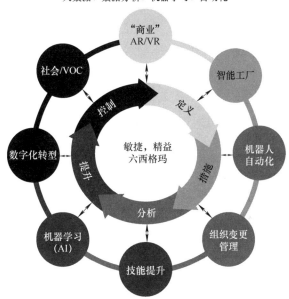

图 3.52　数字精益六西格玛

但是，在对这些方法进行数字化处理时，不能忽视的一点是：员工需要调动自身的学习积极性，这样才能做到最好！

如果针对持续改进流程或其他包含相同要素的方法进行数字化时，没有考虑到上述这点，或者数字化反而降低了员工的参与积极性，那么这可能会导致无法完全实现预期的改进目标。

2. 内部物流

在准确的时间为生产流程提供最佳数量的材料，这一点可以通过对已知方法的数字化来得到改进，并提高效率。

但是，要实现这些计算的结果，还需要更智能、灵活和高效的运输系统。

无人驾驶运输系统（FTS）绝对是最重要的方法之一，移动电子看板货架如图 3.53 所示。根据其导航类型的不同可以分为以下几类：

- 地面加装磁性或电感引导线。
- 应用磁铁和应答装置的网格导航。
- 带激光导航的无人驾驶运输系统。
- 带 GPS 导航的无人驾驶运输系统。

图 3.53　移动电子看板货架

在实施工业 4.0 解决方案时，灵活高效的无人驾驶运输系统是内部物流的出色解决方案。随着技术的不断发展，导航精度的提高和成本的下降，它还可以被应用到其他新的领域中去。

3. 资源管理

在各式各样的资源管理系统中，工具管理系统也是极具代表性的，在此将展开介绍。

为了成功地使用这样的管理系统，必须满足一些先决条件，如借助 RFID 或 DMC 实现的工具标识及工具相关数据传输时的可靠性和一致性。工具在其整个生命周期内的数据都要存储在中央工具数据库内，这意味着，从 CAD/CAM 到工作准备阶段（存储、实地测量、参数设定），再到实际工作阶段的使用和调整期间所有的数据都要记录和保存。得益于类似 OPC UA 的现代化接口界面，这些工具数据可以随时调用和更新，如图 3.54 所示。

借助这些数据，可以进行类似零件成本分析（CPP）的研究工作；并基于停机时间及换件原因的分析得出有关工具和流程质量的报告；这些分析结果正是持续优化生产流程的基础。

当然，员工自身也是未来生产的重要组成部分，也越来越成为专业人士关注的焦点。作为"强化操作员"的他们是整个生产过程中的积极一环。他们可以根据现有信息，如工具状态数据，可靠且迅速地做出必要的决定。如前所述，这需要将数字制造过程中相关的全部组件集成到一起，包括设定装置、机器和输出设备等；并且在它们之间形成标准化的双向通信网络，以保证数据和信息交换。只有这样，"强化操作员"才能实时获得所有可用信息，而他们做出的决定也可以立刻回流至工具数据库中，如图 3.55 所示。

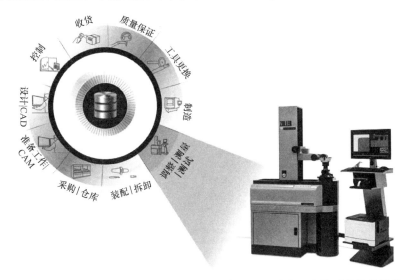

图 3.54　在工具的整个生命周期内可在预调仪和测量设备上直接对其进行管理

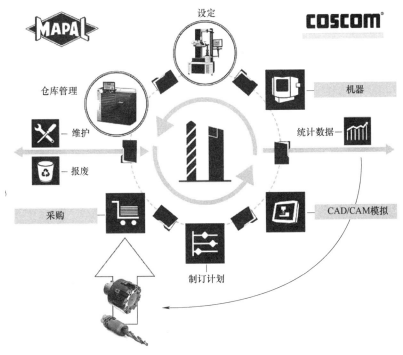

图 3.55　工具管理系统确保在整个工具管理层级内数据流动的连续性

第4章 开发和评估数字化用例的流程模型

第2章概述了德国工业领域的现状和实施工业4.0所面临的挑战和阻碍；第3章分别就现有的产品、流程和基础设施相关的解决方案，以实际示例和集成场景的方式进行了介绍。

数字化方法的具体实施需要根据依企业状况确定的阶段模型来规划。除了第1章中的介绍，此处还应用了其他文献中的阶段模型，工业4.0的实现流程如图4.1所示。

1	2	3	4	5	6	7
• 专业信息 • 研讨会 • 参观访问 • 与工业4.0平台间的交流	• 离散化用例开发 • 重点：实时性、离散化、软件服务 • 粗略的成本/收益分析	• 管理研讨会 • 目标：用例取得最佳的成本收益率及最低的执行风险	• 沟通：员工/工作委员会、战略客户及供应商共同参与	• 短列表中用例的实施（80/20规则） • 评估成本与收益 • 研讨会开发新的用例	• 定制路线图/推出更成功的用例 • 新用例试点规划	• 跨公司实施工业4.0路线图并持续评估 • 在生产系统中明确工业4.0原则
• 理解 • 认知 • 承诺	• 用例长列表	• 用例短列表 • 项目计划	• 雇员	• 评估用例 • 实施经验	• 执行工业4.0路线图 • 评估新用例	• 工业4.0生产系统

图4.1 工业4.0的实现流程

图4.1中的阶段模型分为7个步骤，可以概括为以下三个主要部分：

■ 根据整体战略目标，从订单、生产、技术及产品的角度记录相关的业务流程，并就数字化潜力进行分析——步骤1和步骤2。

■ 然后，需要确定工业4.0应用的准备情况，其方法是针对不同业务流程确定评估参数，并以此为基础检验引入工业4.0用例的前提条件——步骤3。

■ 根据上一步确定的准备情况（资源、预算、能力），在员工、客户和供应商共同参与的前提下制订实施计划。需要优先确定作业流程、业务方向和产地，并定义相关的绩效指标。这一步需要一套与企业的技术能力、组织架构以及企业文化相适应的流程方法——步骤4~7。

前4个步骤主要是关于实施工业4.0的信息收集与交流，形成基础意见，并确定适合的技术，如物联网、云平台和数据分析等。

阶段模型的核心就是数字化用例。在它们的帮助下，企业可以提出系统需求，形成基于现有技术的应用概念。所挑选的用例需要进行分组，并按实施路线图的时间、逻辑顺序排列。

4.1 流程模型中的元素

在第 3 章中已经介绍了如今可用的方案，并根据不同产品、生产过程和基础设备进行了分类。这里再进行一次总结：

- 关于产品/生产对象的解决方案。
  - 为产品装配传感器、逻辑电路和智能设备→工业 4.0 功能。
  - 将产品与整条增值链形成强关联；集成到面向服务架构中→实现 CP（P）S 结构。
  - 关于生产流程的解决方案。
    - 基于增值链的考虑：企业的角色/定位、客户/供应商的交互点、供应链中的增值份额、领导地位。
    - 基于业务流程模型或运营模型的考虑：业务流程模型、以服务为导向、具备辅助流程的核心流程生产、生产类型的考虑。
    - 规划、执行、监控、预测和改进相关的方法。
  - 关于基础设备的解决方案。
    - 使用现代通信技术实现整个工厂或集成式供应链的自动化。
    - 装配过程中应用生产单元、流水线和混合制造的方法。
    - 针对生产供应、内部物流和资源管理采用先进的支持方法和流程组件。

解决方案的最终实现需要依靠合适的技术支持手段与实践（方法）相结合，在第 3 章节已经介绍了一些 SCOR® 的实践案例。

本章的主题是开发和评估数字化用例的流程模型，并描述它们的模板。除了对所建议的工作步骤进行理论描述之外，还会就流程模型展示一个应用实例。

流程模型的构建需要借助以下元素：

（1）参考流程模型 SCOR® 针对选定的流程类别（制造、辅助、计划）使用工作流（workflow）、绩效指标以及方法。

（2）企业和运营级别的集成标准，ISA 95 根据"生产"领域的活动组提炼需求，并分配给 SCOR® 模型中的不同类别的流程。用户需求（user requirements）和当前问题（pain points）也需要考虑在内。基于以上信息导出系统需求，根据面向服务的规范确定它们在通用系统体系架构内的位置。

（3）技术引擎 根据不同的应用领域，对文献中的最新技术进行甄选和分配，详见 4.4 节。

（4）用于描述数字化用例的模板　包括方案评估模板。

（5）实现数字化的路线图示例　最后，提供来自文献中的数字化用例的实际示例。

4.2　SCOR®——供应链运作参考流程模型

第 3 章已经引入了 SCOR® 参考流程模型的概念，下面将介绍与这个模型框架相关的所有内容。

SCOR® 参考流程模型基于集成式供应链的思想，将最终用户、供应商与不同生产和分销级别的企业都考虑在内，并为它们提供统一的性能指标和实践指导。

它由 4 个按层次结构排列的级别组成，而其中的前 3 个层级更是针对流程特定的，它们分别是顶层流程、流程类别和流程元素（图 4.2）。

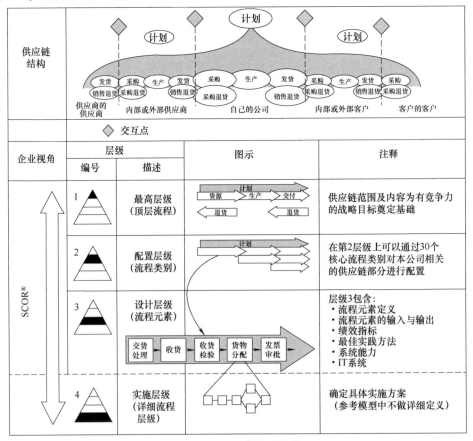

图 4.2　SCOR® 模型构成

在第 1 层（顶层流程），对计划（plan）、资源（source）、生产（make）、交付（deliver）和退货（return）的流程进行区分。

■ 计划：此类流程类型包括整个供应链的战略规划及监控，并横向对比所有供应链内合作伙伴的计划。这一部分流程又可以分别包含在来源、制造、交付和退货流程中，每一部分都有各自的计划流程。

■ 资源：此类流程指代采购流程，如库存产品源（S1）、按订单生产的产品源（S2）、按订单设计的产品源（S3）。它们根据物料来源分类，从拥有库存的供应商处获得（S1），在交货前由对方生产（S2）或自主开发设计（S3）。订单请求通常来自制造或交付流程。

■ 生产：此类流程包含生产流程相关的活动，如库存控制等。整个模型的各式流程都基于这一类型。它们分为按库存生产、按订单生产或按订单设计，并且可以根据实际需求选择性应用。

■ 交付：此类流程的重点在于与客户的对接，其细分依据在于，当客户提出需求时企业是否有库存，或需要经过生产或设计过程（按订单生产或按订单设计）。另一个涉及的流程类别则是产品直接流入交易市场，即交付零售产品。

■ 退货：此类流程记录了来自客户（RD）和供应商（RS）的已交付/生产的货物的退货流程，其中包括处理有缺陷的产品（return defective product）、待修理的产品（return MRO product）或多余的产品（return excess product）。

跨企业的流程交互需要通过供应链中所涉及的各个企业的顶层流程的连接实现。顶层流程中的"计划"流程更是重中之重，因为它解决了其他顶层流程之间的接口问题，并从中协调它们的正确执行。

所罗列的顶层流程在 SCOR® 模型的第 2 层上按照计划（plan）、执行（execute）和辅助（enable），细分为 30 个流程类别。在这一层上，由于子流程细致程度的提高，人们可以更清晰地看到接口问题并明确相应的控制动作。

而这些流程类别在第 3 层上进一步划分为具有特定输入、输出的流程元素。例如，顶层流程中的库存产品源（source stocked product）可以分为 5 个流程元素，分别是交货处理、收货、收货检验、企业货物分配和供应商发票审批，并通过工作流来表示它们之间的关系。

■ 针对每种流程类型，还会引入具有基本功能的辅助流程类别，如提供并管理数据的流程。

■ 每个流程元素还包含 5 个性能指标（performance attributes），以提供对标基准。性能指标又可分为面对客户（customer-facing）指标或内部评估作用（internal-facing）指标。

■ SCOR® 工作流用于表示 SCOR® 模型第 3 层中各活动之间的联系，包括执行对应活动的组织部门。

第 4 层及其他都是与应用程序强相关的具体信息，因此在参考模型中就不再赘述了。

国际供应链理事会并没有提供完整的使用 SCOR® 的流程模型，仅在用户手册中对应用 SCOR® 模型的项目流程进行了大致的描述。技术建议、模型类型等都受限于实际应用场景。

本书在 4.2.1 小节中，将以"按订单设计"的流程类型及其相关要素和实践为例，介绍具体的流程模型。

sM3 中的流程类别和子流程在流程模型中用于界定和标识不同的流程，并将它们连接到 ISA 95 的活动组中，此部分请参考 3.2 节中的生产类型交互点。这些内容在 SCOR® 模型中是供应商（源头）与客户（交付）之间的制造流程的过渡区域。

SCOR® 工作流显示了各子流程之间的连接关系，并定义了它们的输入、输出对象；在此基础上，可以沿增值链对信息及物料流进行描述。

该标准对于指定的子流程还提出了指标要求和方法建议，当然它们在具体流程模型中仅为可选项。SCOR® 为 sM3 提出了以下最佳方法建议：

■ BP.003 快速换模（SMED）——可在转换生产系统时减少浪费的精益方法。

■ BP.035 业务规则审核（business rule review）——周期性地对组织工作、目标及边界条件进行审核。

■ BP.098 信息的移动访问——可从移动设备或应用程序访问电子信息。

■ BP.153 条形码/RFID——生产对象可以做到机器可读，具备光学、电磁识别能力。

SCOR® 模型的实际应用将在 4.2.2 小节中介绍。

关于 SCOR® 参考流程模型的描述，可细分为以下 4 个部分：

（1）绩效表现（performance）　标准化的绩效指标，用于描述流程表现和制定战略目标。单项绩效属性是各个策略指标的集合，属性本身无法测量，但指标可以。对此，我们又可以将其分为对内指标，如成本或资产管理效率，以及对外指标，类似于面对客户需求的生产可用性、灵活性及反应性。绩效指标也需要在各流程层级中按结构安排划分，较低级别的属性可以成为更高级别属性的诊断项目。

（2）流程（process）　流程管理及其相关项的标准化描述。对标准化流程中各项生产活动进行预定义说明，并通过两个附加层级对其进行丰富。

（3）方法（practices）　提高流程效率的管理方法。有选择性地使用一系列非行业相关的方法用于调整和优化流程，它们可以与自动化、技术引擎或特殊功能（如流程集成方法）等配合使用。其中，SCOR®模型还会将这些方法区分为新兴、最佳、标准和已淘汰四类。

（4）人员（people） 对于实施活动和流程所需的人员能力的标准化描述。这其中包括技能、经验及能力水平的培训。但最终应用还是要根据流程成熟度和具体方法确定。对某个职位的评估则可以根据已有资源的技术水平或相关的搜索配置文件进行。

为了使描述和评估数字化用例的流程模型尽可能的客观，SCOR®参考流程模型中的"流程和最佳方法"部分是必不可少的。

4.2.1　SCOR®流程

在 SCOR®模型的第 3 层中，流程类别被进一步细分为一些基本流程（activities），并最终由它们形成了流程模型中的信息流和物料流（workflows）。每个 SCOR®流程元素都有 5 项性能指标（performance attributes），实现了多维度的评估（metrics）。

图 4.3 所示为从 SCOR®参考流程模型中挑选出来供流程模型使用的流程类型和子过程。

对子流程的分类有助于简化流程需求的分配、与 ISA 95 中活动组的链接，以及应用领域和对应流程模型的配对。计划、生产和辅助这三类流程类型将用到以下子流程。

4.2.1.1　计划子流程（Plan，sP3）

针对生产、生产计划（sP3）的计划流程用于：

- 在规定的时间内制订并实施生产计划。
- 使用选定的资源。
- 满足特定的生产要求和目标。

根据 SCOR®的指标、方法、人员及工作流定义，划分了如下子流程。

- sP3.1——识别、确定优先级及汇总生产需求：考虑制造产品或实现服务的所有相关的需求。
- sP3.2——识别、确定优先级及汇总生产资源：考虑制造产品或提供服务过程中的全部增值活动。
- sP3.3——生产资源和需求的对比：开发流程模型，有针对性地使用资源，以求最优地满足生产需求。
- sP3.4——创建/审查生产计划：在规定的时间范围内使用流程模型，其目的是有针对性地使用资源来实施生产计划。

子流程中罗列的活动将与 ISA 95 中的活动组进行对比，并由此提炼出针对信息和通信技术的功能需求。

	SCOR®第3层
辅助（生产）	sE2.5：制定正确的行动
	sE2.6：批准并启动
	sE3.1：接收维护请求
	sE3.2：明确工作范围
	sE3.3：维护内容/代码
	sE3.4：保持访问
	sE3.5：发布信息
	sE3.6：验证信息
	sE5.1：计划资产管理协议
	sE5.2：资产离线
	sE5.3：检查和故障排除
	sE5.4：安装和配置
	sE5.5：清洁、维护和修理
	sE5.6：退役与处置
	sE5.7：检查维护
	sE5.8：资产恢复
生产	sM3.1：确定工程
	sM3.2：制定生产活动
	sM3.3：发布产品
	sM3.4：生产与测试
	sM3.5：包装
	sM3.6：生产阶段产物
	sM3.7：发布产品到配送阶段
	sM3.8：废料处理

图 4.3　部分 SCOR®流程类型

流程类型为 sP3 的 SCOR®工作流如下：

■ 来自上游子流程的输入，如辅助流程（sE）、计划流程（sP）、交付流程（sD）、采购流程（sS）、生产流程（sM）。

■ 向下游子流程的输出，类似于 sE、sP 和 sM，如图 4.4 所示。

计划流程 sP3 的输入、输出对象可以根据不同的应用实例用于支持对通信系统进行定义。

4.2.1.2　生产子流程（make，sM3）

生产流程（ETO）sM3 用于开发、评估和执行生产流程，以根据客户需求制造商品或提供服务。这套流程可以将基于客户或订单的更改、工作指令的重新定义，以及信息流和物料流的变化考虑在内。

此流程代表了生产的核心过程。因此，SCOR®参考流程模型中为每个子流程都列出了详细的工作流。后续应用的对应关系如下：

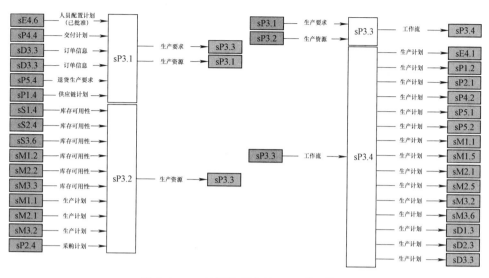

图 4.4　sP3 计划流程中的 SCOR® 工作流

1）应用 1，SCOR® 活动与 ISA 95 活动组的映射。

2）应用 2，SCOR® 工作流及交互对象与 ISA 95 功能组的映射。

■ sM3.1——生产工程的实施：包括创建生产系统的所有活动（图 4.5）。

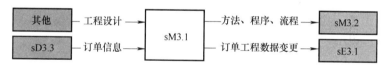

图 4.5　sM3.1 中的 SCOR® 工作流

■ sM3.2——生产活动的计划：根据订购数量及质量要求制订生产计划，基于现有的资源准备成本和时间计划；详细计划的制订，包括针对产品设计和类型对生产工序进行规划（图 4.6）。

■ sM3.3——货物供应：根据运输和生产计划确定所使用的存储仓库及前往需求点的运输路线（图 4.7）。

■ sM3.4——生产与检测：所有确保商品满足订单需求和实现高质量交付的活动的总和。此外，还包括所有为评估和确保满足产品要求所进行的系统交易（图 4.8）。

■ sM3.5——包装：用于存储成品和实施符合订单或标准要求的包装相关的活动总和（图 4.9）。

■ sM3.7——交付和发布：在交付给客户之前进行的文件记录、测试和对产品的认证等活动（图 4.10）。

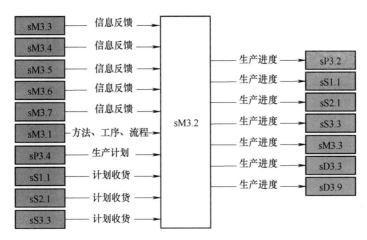

图 4.6 sM3.2 中的 SCOR®工作流

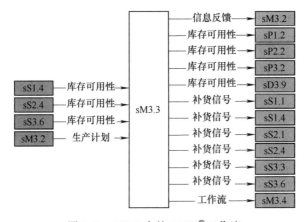

图 4.7 sM3.3 中的 SCOR®工作流

图 4.8 sM3.4 中的 SCOR®工作流

图 4.9 sM3.5 中的 SCOR®工作流

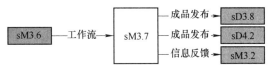

图 4.10 sM3.7 中的 SCOR® 工作流

总而言之，针对生产流程 sM3 的 SCOR® 工作流，主要提供了以下元素：

■ 来自上游子流程的输入，如辅助流程（sE）、计划流程（sP）、交付流程（sD）、采购流程（sS）、生产流程（sM）。

■ 向下游子流程的输出，如 sE、sP 和 sM。

生产流程 sM3 的输入、输出对象可以根据不同的应用实例为通信系统的定义提供支持。

4.2.1.3　辅助子流程（enable，sE）

辅助流程用于信息、义务关系、资源、业务规则及合同的准备、引入和监管，并以此为基础建立和运营生产链。它们可以支持计划流程（plan）和生产流程（make）的实施与管理，并能够和财务、人事、信息和通信技术、产品、设计及组织流程相互配合。

下面将对流程模型中的 sE2、sE3 和 sE5 三种子流程进行介绍。

1. sE2 辅助流程——质量管理

此流程通过分析与规范流程的偏差来记录质量表现，并制定修正措施（请参阅戴明环 PDCA）。根据 SCOR® 的结构，可将其分解如下。

■ sE2.1：开始报告。

■ sE2.2：分析报告。

■ sE2.3：分析原因。

■ sE2.4：定义原因优先级。

■ sE2.5：制定纠正措施。

■ sE2.6：改进与实施。

sE2 的 SCOR® 工作流如图 4.11 所示。

从针对 sE2 的 SCOR® 工作流中可以看到：

■ 来自上游子流程 sE2、sE4、sE7 和 sE9 的输入。

■ 向下游子流程 sE2、sE3、sE4、sE5、sE6 和 sE9 输出指定的信息对象。

2. sE3 辅助流程——数据与信息管理

此流程用于收集和提供生产链计划、执行及监控相关的数据，根据 SCOR® 的结构，可将其分解如下。

■ sE3.1：维护需求。

■ sE3.2：维护范围评估。

■ sE3.3：提供维护内容/代码。

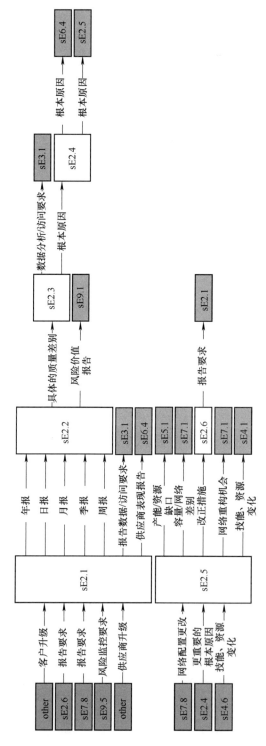

图4.11 质量管理类流程（sE2）中的SCOR®工作流

- sE3.4：提供访问权限。
- sE3.5：信息发布。
- sE3.6：信息验证。

以下数据类型是和流程相关的：客户和供应商信息、产品和服务信息、供应链数据和流程配置数据等。在专业技术领域，将其称为主数据管理。

sE3 的 SCOR®工作流如图 4.12 所示。

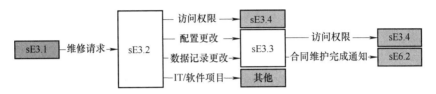

图 4.12 数据与信息管理类流程（sE3）中的 SCOR®工作流

从针对 sE3 的 SCOR®工作流中可以看到：

- 来自上游子流程的输入，如辅助流程 sE1、sE2、sE3、sE6 和 sE7；来自供应商的采购流程 sS3；生产流程 sM3。
- 向下游子流程 sE3、sE6 输出指定的信息对象。

3．sE5 辅助流程——供应链管理

此流程用于计划、提供和安排供应链中的资产。这其中包括维修、保养、更新、调校及其他活动，其重点在于有计划地保持生产能力。相对地，维护工作仍通过标准流程执行，如 MRO（maintenance、repair and operations）或标准制造流程。

该流程可分为以下子流程：

- 生产资料（asset）管理的活动计划。
- 关闭生产项目。
- 检查与问题解决。
- 安装与配置。
- 清洁、保养和维修。
- 停产和报废。
- 保养检查。
- 生产资料的再利用。

sE5 的 SCOR®工作流如图 4.13 所示。

从该 SCOR®工作流中可以看到：

- 来自上游子流程的输入，如辅助流程 sE2、sE5 和 sE7。
- 向下游子流程 sE5、sE7 及 sSR2（MRO）输出指定的信息对象。

在介绍了 SCOR®流程类型之后，接下来将介绍在相关流程模型中的 SCOR®实际用例。

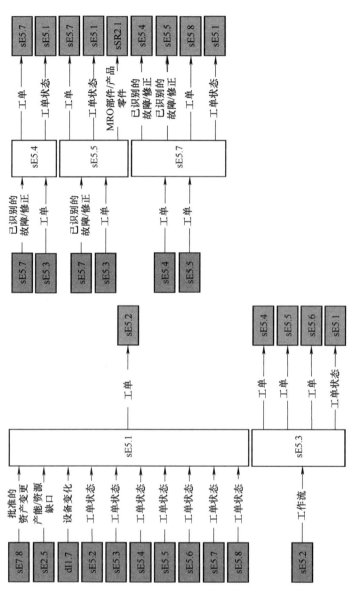

图4.13 供应链链管理类流程（sE5）中的SCOR®工作流

4.2.2 SCOR®实际用例

SCOR®模型中应用了很多不同的功能方法。针对 ETO 流程类型，以下功能组可以在流程模型中实施。

■ 业务流程分析和改进（business process analysis & improvement）：源自于精益管理、业务流程管理等的业务流程改进方法。

■ 信息管理（information management）：基于信息和通信技术，用于记录、处理、存储和应用数据的方法。

■ 制造（manufacturing）、生产（production）：这其中包括生产计划和生产控制的基本方法，以及用于物料处理、订单工程及管理和规划预测等相关的特殊方法。

● 物料处理（material handling）：有效的原材料处理（收集、采购、运输、存储、加工和报废等）。

● 订单工程（order engineering）、订单管理（order management）：应用信息和通信技术的订单记录、执行和归档方法。

● 规划（planning）和预测（forecasting）：有效计划和预测需求（信息、资源等）的方法。

完整的方法选择及详细信息还请参见 SCOR®工作手册。在 SCOR®模型中，针对某些类型的流程推荐了特定的方法，尤其是流程 sP3、sM3 和 sE，其子流程也有更进一步的方法推荐。

1. sP3——针对计划流程的最佳方法

针对 sP3 的最佳方法建议总结如下：

■ 制造资源计划（MRP Ⅰ）。针对混合生产类型（ATO、MTO、MTS）的不同库存管理方法。

■ 改进"S & OP"流程。建立跨职能流程方案，根据客户需求和供求关系改进需求计划。

■ 基于需求的库存供应。面向客户的仓库管理，减少物料损耗（与预先计划相反）。

■ 库存优化。

■ 应用供应链网络优化进行库存管理。

■ 业务规则审查。

■ 减少生产批量。

■ 合适的生产节奏（right size frequency of production wheel）。

■ 优化生产可用性。

■ 提高生产质量（减少退货）。

2. sM3——针对生产流程的最佳方法

针对 sM3 的最佳方法建议总结如下：

■ 快速换模法——减少因更换生产产品而对机器、生产系统进行改装或重新安装所需的时间。与小批量生产直接相关。

■ 业务规则审核——一种检验所应用的业务规则（与业务流程模型连接）是否符合企业目标和战略目标的管理方法。

■ 移动化信息访问——可以根据需要，通过互联网和移动设备获得状态信息。所需的硬件（RFID、条形码）和软件（ERP、middleware、DBMS）都已经集成到一起。

■ 条形码/RFID——使用机器可读的标签分类货物。解决方案中包含打印机、扫描仪和用于识别货物及处理、传输数据的软件。

3. sE——针对辅助流程的最佳方法

针对 sE2、sE3 和 sE5 的最佳方法建议总结如下：

■ sE2——质量管理。
  ● 基线监控。
  ● 长期库存变化监控。
  ● 质量管理。
  ● 持续改进。
■ sE3——数据和信息管理。
  ● 库存记录的准确性。
  ● 批量追踪。
  ● 来自 sE2 的输入。
■ sE5——供应链管理。
  ● 工厂总体规划。
  ● 预测性维护。
  ● 由供应商控制的库存管理。
  ● 陈旧物资识别。
  ● 预测性维护程序。

在罗列了从 SCOR® 流程参考模型中挑选的流程模型方法之后，接下来将介绍源自 ISA 95 标准的相对应的内容。

4.3 企业系统与控制系统集成国际标准：ISA 95（DIN EN 62264）

面向流程的生产方式基于 SCOR® 流程参考模型中所挑选的流程元素形成活

动组（符合 SCOR®工作流），而由它们衍生出的需求则需要符合 ISA 95 标准。值得注意的是，SCOR®是一种流程参考模型（流程层级），而 ISA 95 则是层级结构参考模型（系统层级）。

以下陈述大部分内容直接摘自该标准。

DIN EN 62264 的第三部分描述了用于实现企业管理和控制系统集成的运营信息的活动模型及数据流，其功能范围包含从第 4 层级的物流与规划功能到第 2 层级的手动、自动生产流程控制功能。

而该标准的重点在于第 3 层级，也就是制造执行和运营管理部分，以及和第 4 层级（企业资源规划）、第 2 层级（生产控制）之间的过渡区域，如图 4.14 所示。

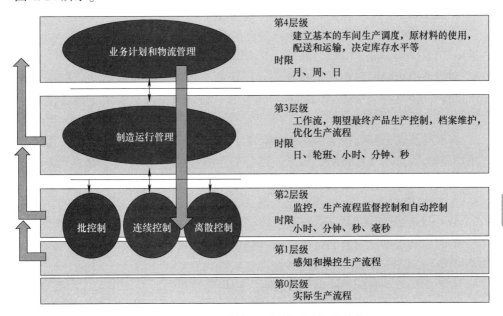

图 4.14　制造运营管理层级模型及其控制流

该标准的目的在于减少企业管理、运营系统在实施过程中的风险和错误，降低成本，使此类系统更易于操作和集成。该标准还提供了用于定义运营模型中具体活动的模型和术语。

第三部分的应用范围仅限于模型中的运营管理、第 3 层级中的功能及与之相交互的固定信息。

1. 基于 DIN EN 62264 的功能层次模型

层次模型基于功能层级的划分，如物理生产对象（资产）基于功能角色的设备层次。

在"制造运营管理"（MOM）的范畴内，该标准的第一部分定义了第 3 层级上的所有活动和信息流。而"制造运营和控制"（MO & C）这一概念则定义了第1、第2和第3层级上的所有活动和信息流。

这一定义明确了所有未纳入 MO & C 域的活动都属于公司域。

层次模型中每一层级都包含带有时间戳属性的活动，它们对于车间层级（层级0~2）尤为重要，因为在这些层级上需要实时的信息交换。

■ 第4层级定义了制造企业业务管理相关的活动，包括建立基本计划（如物料消耗、最终交付和物流运输），确定库存水平，以及确保物料按时运输到指定的生产地等。第3层级的信息对于第4层级的活动来说至关重要。

■ 第3层级定义了用于生产所需产品的工作流程活动，包括生产档案的维护及各流程之间的协调。

■ 第2层级定义了监测和控制物理生产过程的活动。

■ 第1层级定义了对于物理生产过程的观测及调整活动。

■ 第0层级定义了实地（车间）所使用的物理生产过程。

利用类似物联网平台、边缘计算、云计算等新技术可以在搭建功能层次模型的同时，实现各个层级之间的垂直信息流。在现有阶段，人工干预活动仍会自上而下遍历全部层级。

将不同活动分配到各层级的主要依据是不同生产流程中的活动组合需求和它们所需的信息（生产订单、人员、设备和原材料等），以及信息交互所需的数据格式和传输速率。

2. 第4层级活动——业务规划和物流

参考图4.14，以下提到的活动会在第4层级上实现：

■ 收集和维护原材料和备件的消耗量，可用的库存，以及用于购买原材料/备件的数据。

■ 收集和维护整体能源消耗及存量，提供能源采购数据。

■ 收集和维护所有产品和生产相关的库存数据。

■ 收集和维护基于客户需求的质量监管数据。

■ 收集和维护机器、设备的使用数据和运行时间记录，这些是实现预测性维护所必须的信息。

■ 收集和维护人员配置记录，并转发给人事和财会部门。

■ 建立工厂的基本生产计划。

■ 根据订单、资源可用性、可用能源量、能源需求及维护要求的变化调整工厂的基本生产计划。

■ 根据工厂的基本生产计划，规划最佳的预测性维护时间和设备更新周期。

■ 确定每个仓库的原材料、备件及货物的最佳库存数，制定物料需求计划并采购备件。

■ 在长时间中断生产之后，调整工厂的基本生产计划。

■ 根据所有的生产活动确定生产能力需求。

在 ISA 95 所关注的第 3 层级上，活动组会根据常规的或特定的类别进行区分。

3. 第 3 层级常规活动组——运营管理

■ 根据企业标准的成本模型，考虑可变成本因素，生成完整的企业生产报告。

■ 收集和维护企业相关的综合数据，包括生产、库存、人员、原材料、产品质量、备件数量及能源消耗等。

■ 根据功能需求采集数据并离线分析；应用统计学原理分析质量和流程中的控制功能。

■ 必要的人员分析，如工作时间统计、假期计划、人员配置计划、工会工作规则、内部培训和人员资质认证。

■ 创建企业直接适用的详细的生产计划，包括维护、运输及其他生产相关的需求。

■ 在生产计划（由第 4 层级确定）的实施过程中，针对分公司/分部进行本地成本优化。

■ 调整生产计划以补偿相关责任范围内可能出现的生产中断。

■ 生产设备管理。

■ 生产设备维护相关的管理。

■ 对原材料进行实验室测试和质量管理。

■ 物料和产品的运输及存储管理。

■ 业务相关的信息交换，第 3、第 4 层级之间的数据交互以实现第 3 层级内部的各项运营管理。

根据第 3 层级中的常规活动可以派生出以下特定活动，并且能够和 SCOR® 中的子流程（工作流）同步。

4. 第 3 层级特定活动组——运营管理

■ 资源分配与控制。

■ 详细生产计划。

■ 数据采集。

■ 质量管理。

■ 流程管理。

■ 生产追踪。

■ 产量分析。

■ 运营及详细计划。

- 文档管理。
- 人事管理。
- 维护事务管理。
- 物料运输、存储及跟踪。

ISA 95 为 4 个领域（生产、质量、库存和维护）定义了统一的活动组。对于每个领域，该标准都提出了功能组建议，它们可以根据需求实际对应到生产系统中去，如图 4.15 所示。

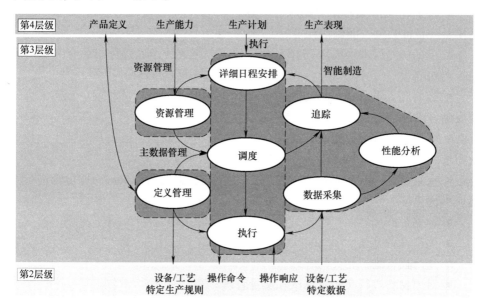

图 4.15 制造运营管理、控制以及生产活动中的活动组

ISA 95 针对第 4、第 3 和第 2 层级提出的功能组及它们之间的依赖关系如下。

5. 第 4 层级——业务规划及物流功能组

ISA 95 在第 4 层级上提供以下功能组：

- 生产/运营定义管理。
- 生产/运营资源信息管理。
- 生产/运营能力管理。
- 生产/运营计划管理。
- 生产效能管理。

6. 第 3 层级——运营管理功能组

该标准的重点正是在于第 3 层级，因此这一层级的功能组较第 4 层级和第 2 层级更详细。标准中相关的术语定义如下：

- 资源管理组。
  - 维持设备工作能力（基于测试结果）。
  - 提供有关资源能力的信息。
  - 协调质量与资源管理，以及维护资源管理。
  - 收集当前产能状态及生产资源信息。
  - 根据未来资源需求管理维护计划或人员休假计划。
  - 管理人员资质测试结果。
  - 针对未来资源需求的预管理。
  - 验证生产资源的可用性及正确性。
  - 发起获取资源请求，以满足未来运营需求。
  - 提供人员、物资和设备资源的相关定义信息。
  - 提供资源的位置信息并对应生产区域。
- 主数据管理/定义组。
  - 基于流程分析和生产效能分析优化产品生产规程。
  - 维护可行的产品生产路线图。
  - 提供产品的细分路线图以支持制造及运营。
  - 管理新产品定义。
  - 管理与产品、生产相关的 KPI 定义。
  - 向人员和设备提供产品生产规则。
  - 维护本地生产规则。
  - 管理产品定义更改。
  - 管理生产指导说明和产品结构定义。
  - 与第 4 层级系统交换产品定义信息。
- 执行组。
  - 详细计划。
    - 从维护质量和库存运营管理中获取信息以进行详细计划。
    - 将实际生产与原计划进行比较。
    - 确定每项资源的存量以进行调整调度。
    - 创建并维护详细的生产计划。
    - 执行假设（what-if）分析。
  - 调度（dispatching）。
    - 从质量管理部门接收信息，评估可能影响生产的条件。
    - 生成生产调度表，指定需要执行的生产活动。
    - 从生产资源管理部门接收信息，确认计划外的资源可用性信息。
    - 维护生产订单状态。

- 释放本地资源以开始生产。
- 根据时间计划发布生产订单。
- 验证详细计划水平以下的过程约束与订单（verify process constraints and ordering below the level of the detailed schedule are met）。
- 处理详细生产时间表中未定义的情况。
- 分配本地资源给生产工作。
- 当意外情况发生并导致无法满足计划要求时，通知生产计划相关部门。

- 执行。
  - 基于本地运行控制状态分配资源。
  - 当意外情况发生无法满足工作要求时，通知其他活动部门。
  - 指导工作表现。
  - 验证分配给任务的资源的有效性。
  - 确保在生产中使用正确的资源。
  - 从生产资源管理部门接收信息，确认未来相关资源的可用性。
  - 验证生产是否满足质量标准。
  - 提供生产信息和执行相关的事件管理。

- 智能制造组。
  - 追踪。
    - 提供追踪相关的信息。
    - 生成与生产过程相关的记录。
    - 将生产和运输等生产流程事件转换为产品信息。
    - 生成生产响应（production response）和生产效能信息。
    - 跟踪物料在工厂间的运输。
    - 记录运输的起点和终点，收集不同批次数量和位置信息的更新数据。
    - 从数据收集中心接收数据并进行生产分析。
  - 数据收集。
  - 为本地生产分析和向第 4 层级系统报告维护生产信息。
  - 维护用于追踪目的信息。
  - 提供收集到的产品质量信息，并和需求进行比较。
  - 收集生产相关的信息。
  - 提供与设备的接口。
  - 提供生产数据报告。
  - 提供合规性监管及警报管理功能。

- 生产效能分析。
  - 提供关于能力与质量制约因素的报告。
  - 基于当前与过去的效能表现预测生产结果。
  - 进行表现与成本分析。
  - 比较批次以确定"黄金批次"。
  - 提供分析比较结果以持续改进流程。
  - 对比不同产线的运行结果，建立平均或期望运行结果。
  - 分析"黄金批次"成功的原因。
  - 比较和对比各个批次间的不同。
  - 将本批次与先前定义的"黄金批次"进行比较。
  - 将产品与生产过程中的不同生产条件进行关联。
  - 进行效能测试以确定生产能力。

7. 第 2 层级——生产控制功能组

ISA 95 在第 2 层级上提供以下功能组：

- 针对设备及流程的特定生产规则。
- 操作指令。
- 操作响应。
- 设备和流程特定的生产数据。

针对实际用例，流程模型中除了包含从 ISA 95 功能组中提炼的利益相关者需求，还有用户需求、非功能性需求及生产环境相关的痛点作为补充。

为了解决前面所提到的功能需求，必须找到合适的解决方案，而这些解决方案的开发则需要基于现有的技术引擎。4.4 节会对此进行展开。

4.4　技术引擎

本章将针对前面已经定义的产品、流程及基础设施这三个领域介绍相关文献中提到的技术推动力。

1. 产品领域的技术引擎（图 4.16）

产品领域这一概念内的产品不考虑它是由供应商提供，还是经过生产流程制造得到。产品的数字化能够使其本身更好地集成到生产环境中，并基于扩展功能完成新的任务。

通过选择组合图 4.16 所示的技术方案，有助于形成新的数字化解决方案；针对不同的需求，将它们应用到对应的流程领域并对其实际贡献进行评估。

2. 流程领域的技术引擎（图 4.17）

这一领域所关注的是流程相关的数字化技术方案，如形成无中断、跨学科的信息流与物料流。

技术引擎	示例/说明
产品	
模块化架构	根据RAMI 4.0形成工业4.0组件
数据存储	例如：在没有建立连接的情况下实现数据缓存
连通性，接口	双向接口
识别	资产ID/机器ID
可配置性	通过配置实现功能及适应性，自动化机器配置
状态信息，传感器	
P2P通信	P代表产品或生产过程（工件、工具等）
用户界面	可视化输入，用户识别
自我控制	生产流程的自我控制

图 4.16　产品领域的技术引擎

技术引擎	示例/说明
生产流程	
流程互联	人、机器、流程交互（操作）
流程数据互联	连续信息流，数据管理
流程自动化	借助机器人的流程自动化，普通流程自动化
可配置性（通过软件）	通过配置实现适应性
流程可视化	实时监控、性能可视化、仪表板
实时分析/优化	用于开发和优化技术流程的工具
流程设计扩展控制/自我控制	自我控制（扩展的外部控制或自我控制）

图 4.17　流程领域的技术引擎

　　生产流程数字化的目的在于找到能够实现类似自适应控制及优化等新功能的解决方案。智能生产对象的集成和现代化的基础设施都能够提供极大的帮助。

　　除了连续信息流带来的连通性，基于全新服务模型的流程自动化、监控及优化功能都是此类解决方案的重点。

　　通过选择组合图 4.17 所示的技术方案，有助于形成新的数字化解决方案；针对不同的需求，将它们应用到对应的流程领域并对其实际贡献进行评估。

　　来自产品及基础设施领域的技术能够为流程领域的解决方案提供额外的帮助。除了已经列出的技术点，实际开发解决方案时还会使用 4.2.2 小节中的 SCOR®方法。

　　3. 基础设施领域的技术引擎（图 4.18）

　　基础设施领域的技术提供了解决生产对象与生产流程之间连通性问题的方案，并同时能够支持来自产品和流程领域的相关解决方案。

　　该领域的其他方案旨在优化生产系统的可用性、适配性和安全性。

　　通过选择组合图 4.18 所示的技术方案，有助于形成新的数字化解决方案；针对不同的需求，将它们应用到对应的流程领域并对其实际贡献进行评估。

　　与前面针对产品及流程领域的技术引擎列表相比，基础设施的技术选择要广泛得多。

技术引擎	示例/说明
基础设施	
连通性	
实时生产网络	
通信协议	
网关	接口/连接器，用于系统间通信的组件
生产通信平台	分级（自动化金字塔）、SOA、边缘计算
P2P通信基础设施	P2P通信支持，设备追踪
接口管理	P2P通信管理
适应性、可扩展性	
智能传感器和执行器	多维度
面向服务的架构	云服务、物联网平台
虚拟化	
可配置性（通过软件）	通过配置实现功能和适应性
基础设施管理	基于库的基础设施组件管理
增材制造	3D打印
协作/用户友好性	用户相关的交互（人、机器）
人机合作	人/用户、机器人、机器、运输系统和设备等
移动终端	个人或设备特定界面、多平台交互界面
AR/VR	与数字孪生交互
分散式生产控制	
远程/外部服务	远程监控和维护
智能/安全	
综合数据管理	数字化数据管理基础
资产生命周期管理	基础设施库存管理
扩展/实时分析	
机器学习/人工智能	
按规范、需求、预测维护	平台服务
网络安全	信息和通信安全
授权概念	区块链：技术、法律、组织、商业
操作安全	所有相关的安全法规

图 4.18　基础设施领域的技术引擎

针对在流程模型中的应用，技术引擎及其他的技术方法都要按照恰当的标准根据它们带来的实际收益对其进行评估。

既然已经对流程模型构成中的所有必要元素做了介绍，那么 4.5 节将开始应用该模型进行数字化用例的开发和评估。

4.5　开发和评估数字化用例具体的流程模型

本章介绍的流程模型提供了一种使用现有标准和参考模型的通用方法，记录和评估需求相关的生产元素及问题，并根据产品、流程和基础设施这三个领域对其进行分类。

将相应的技术方法及方案进行分配，就其可用性和适用性进行评估。借助模板描述数字化用例的具体内容，并根据其是否满足需求或解决问题进行评估。

单个用例可以从技术、经济和组织架构这三个方面出发，以合适的形式组合，成为能够同步实施的路线图。

表4.1列出了流程模型的4个步骤。

表4.1　流程模型的4个步骤

#	步　　骤	依　　据	结　　果
1	范围界定	■ SCOR®流程模型 ■ ISA 95需求列表	■ 每项流程元素对应的需求和痛点 ■ 执行必要性
2	评估	■ 步骤1的输出 ■ 行动领域列表	■ 高优先级的需求和痛点与对应行动领域的映射关系
3	确认	■ 步骤2的输出 ■ 技术引擎列表 ■ SCOR®实践方法	■ 高优先级的需求和痛点对应的技术引擎及SCOR®实践方法
4	选择	■ 步骤3的输出 ■ 用例模板 ■ 企业政策	■ 定义和评估用例 ■ 实施路线图

步骤1：范围界定（scoping）。

对于所选的SCOR®流程类型ETO，将相关的辅助、计划和生产子流程列制成表并对应到相关的需求和已知的痛点中，如图4.19所示。

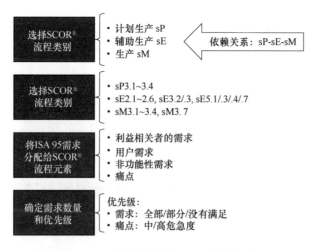

图4.19　流程模型步骤1——范围界定

对于每个子流程，综合其相关的需求数量和实现程度，以及所触及痛点的分类整理得出它们的排名。

步骤 2：评估（assessment）。

根据步骤 1 的结果，也就是每个子流程的排名（采取该子流程的必要性），将它们分配给预定义的产品、流程和基础设施领域，如图 4.20 所示。

图 4.20　流程模型步骤 2——评估

这一步骤还需要参考现有的经验及源自制造商、客户和业务伙伴的信息。在明确全部需求和子流程的对应关系之后，需要从技术和组织架构两个方面对它们进行细化分组。

步骤 3：确认（identification）。

步骤 2 所明确的各个行动领域的重点将由步骤 3 中的技术方案和 SCOR® 流程方法来具体实现，并根据可行性和潜在的收益进行确认及进一步评估，如图 4.21 所示。

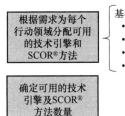

图 4.21　流程模型步骤 3——确认

这一步骤既考虑了工业化的进一步发展，也遵从了已有的客户和供应商的可用经验。

步骤 4：选择（selection）。

第 4 步则是选择要实施的解决方案，并参照模板描述实际用例。选择的参考标准是预估的实施过程中所需的工作量、收益和依赖性，如图 4.22 所示。

此外，在这一步骤中还将检查协同工作的可能性，其目的在于将各种不同用例集成到一个统一的方案中去。为了获得最佳结果，建议在用例定义和路线图制定之间采用迭代的方法。最后，将用例和应用场景的逻辑组合与实施路线图绑定，并创建业务用例的预算议案。

流程模型的步骤将在下面进行详细说明。

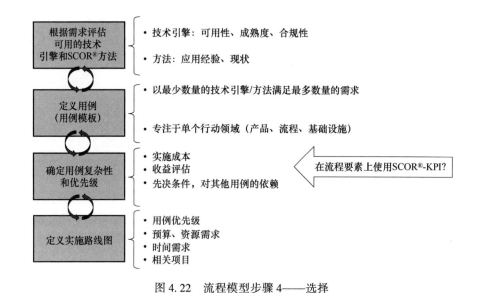

图 4.22　流程模型步骤 4——选择

4.5.1　步骤 1——范围界定（Scoping）

步骤 1 的基础是一张表格，其左侧显示的是挑选出来的 SCOR® 子流程，并且可以通过 ISA 95 定义的相关活动进一步细化。另一侧则将需求分为利益相关者需求、用户需求和非功能性需求。最后再辅以之前记录的问题，也就是所谓的痛点（图 4.23）。

在子流程与需求（问题）的交汇处，我们将对需求的满足程度或问题的严重性进行评估。最终相加得到每个子流程的评分，以此确定行动的必要性。

1. 初始化

流程模型步骤 1 的第一步就是定义企业相关的、眼下需要考虑的流程类别。当这一步完成后，就可以根据 ISA 95 活动组推导出利益相关者需求，并以此在需求及痛点列表中拓展企业特定的条目。每一个应用场景都可以迭代式地丰富和改进原有的数据库信息。

2. 选择与分配

针对每一个需求，都要评估各个子流程的可能实现程度，如 0 代表完全满足；3 代表部分满足；5 代表不满足。当然，这可以根据实际情况进行调整。

执行这一步时，应该特别注意在整条供应链中实现信息与物料的连续流动。之前记录的痛点需要根据其严重程度划分。为此，可以将数值 5 设为中等严重；数值 9 设为最严重。按这种方式进行的评估将汇总得到列表中每个子流程的分数，也就是执行必要性，如图 4.23 所示。

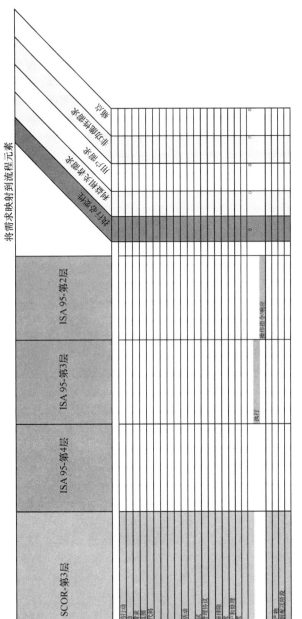

图4.23　步骤1范围界定的模板

步骤 1 的最终结果就是每个子流程的必要性得分。这个数字给出了相关行动的重要性和紧迫性信息。这样，在第一步中就确定了各项子流程执行的优先级，当然在后续步骤中还需要考虑其他的影响因素。

4.5.2　步骤 2——评估（Assessment）

在第 2 步中使用第 1 步的结果，将与流程相关的需求及痛点分配到流程、产品和基础设施这三个行动领域。流程模型的核心是面向流程，因此流程在这一步中更是重中之重。在此步骤中，可以参考战略规划或企业预算条件来定义工作重心。

如图 4.24 所示，表格的左侧部分是来自步骤 1 的子流程及其必要性得分。接下来是需求组，包括特定需求和痛点。而右侧则罗列了相关联的工作领域，包括产品、流程和基础设施。

1. 初始化

记录步骤 1 中所有的子流程、必要性得分及对应的优先级。然后将需求组中的所有需求和痛点定性地分配给各个工作领域。这一步中，将需求组更细致地划分为子需求能使整个架构更加一目了然。

2. 选择与分配

在步骤 1 的结果全部确认完毕后就可以开始分配各个工作领域了。从需求和痛点的角度出发，考虑在哪个工作领域有工作需求，为其画上一个叉号，如图 4.24 所示。

分配的标准不仅来自组织架构和技术层面，也要考量已有的经验教训。

在此步骤中，需要各个不同部门的代表参加，因为单个工作需求会分配给多个工作领域。应该考虑如下因素：

- 产品和基础设施工作领域能够支持增值生产流程，而后者正是数字化的重点。
- 基础设施工作领域实现了流程中产品、人员及机器之间的连通性。

步骤 2 为规划中的数字化工作确定了对应的实施领域；而在接下来的步骤 3 中，则会根据可用的技术解决方案和实践方法对其进行更详细的分解。

4.5.3　步骤 3——确认（Identification）

在步骤 3 中，表格的左侧与步骤 2 完全相同；而在右侧则加入了技术方案和可用方法的建议项。这份表格中所使用的技术列表应与当前市场的技术水平相对应。由于研究的时空局限性，笔者并不认为它是完整的。为了保证使用者的利益，建议不断补充和更新所提供的技术清单。

除了技术方面，在流程作用领域中还分配了选定的 SCOR® 方法，如图 4.25 所示。

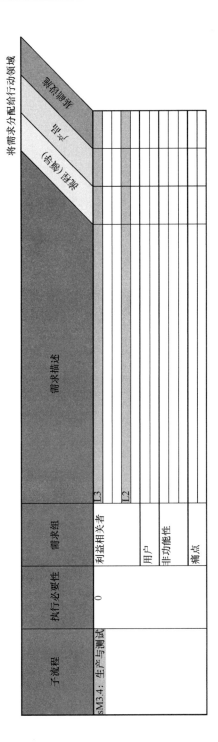

图4.24　步骤2评估的模板

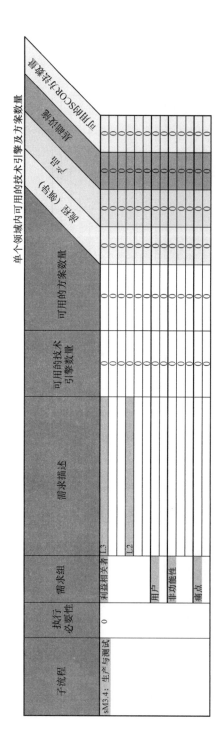

图4.25 步骤3确认的模板

1. 初始化

在表格的左侧可以看到从步骤 2 得到相关的信息，包括子流程信息、行动必要性，以及需求和痛点。

2. 选择与分配

1）适用于所有领域的技术方案。在步骤 2 的基础上，将可用的技术方案分配到建议的工作领域中去，这样有助于满足需求或解决痛点。部分技术引擎见表 4.2。

表 4.2 部分技术引擎

行 动 领 域	技 术 引 擎
流程	■ 流程连通性 ■ 流程数据连接 ■ 流程自动化 ■ 可配置性（通过软件） ■ 流程可视化 ■ 实时分析和优化 ■ 流程设计、高级控制与自我调节
产品	■ 模块化架构 ■ 数据存储 ■ 连通性、接口定义 ■ 识别能力 ■ 可配置化 ■ 状态信息、传感器应用 ■ M2M 通信 ■ 用户界面 ■ 自我控制
基础设施	■ 连通性 ■ 实时生产网络 ■ 通信协议 ■ 网关 ■ 生产和通信平台 ■ M2M 通信基础设施 ■ 接口管理 ■ 适应性及可扩展性 ■ 智能传感器和执行器 ■ 面向服务的架构 ■ 虚拟化 ■ 可配置性（通过软件） ■ 基础设施管理 ■ 增材制造 ■ 协作性和用户友好性

（续）

行 动 领 域	技 术 引 擎
基础设施	■ 人机合作 ■ 移动化设备 ■ 增强现实和虚拟现实（AR、VR） ■ 离散化生产控制 ■ 远程或外部服务 ■ 智能与安全 ■ 集成化数据管理 ■ 资产生命周期管理 ■ 扩展与实时分析 ■ 机器学习、人工智能 ■ 根据规格、预测及需求进行维护 ■ 网络安全 ■ 授权概念 ■ 操作安全

2）应用于流程领域的最佳 SCOR®方法（表 4.3）。

表 4.3 最佳 SCOR®方法

行 动 领 域	最佳 SCOR®方法
流程	■ 业务流程改进 ■ 信息管理 ■ 原材料处理 ■ 制造与生产 ■ 订单工程和管理 ■ 规划和预测

分配的最终结果就是明确了各个子流程中不同需求和痛点所适用的技术方案，如图 4.25 中"可用的技术引擎数量"一列。

除去技术因素，还需要为流程领域明确恰当的 SCOR®方法（如图 4.25 的"可用方案数量"）。

4.5.4 步骤 4——选择（Selection）

在流程模型的第 4 步，也是最后一步中首先要再次检验先前步骤的全部结果。

以可用性、成熟度、工业化及企业内部合规性为标准对选定的技术方案进行评估。

在完成上述操作之后，便可根据需求或痛点的评估结果，参考选定的行动领域、技术方案和实践方法为每个子流程定义数字使用案例。

图 4.27 所示为一份可以参考的用例模板。模板的基础部分可以用来记录组织架构信息；而详细信息部分则包含了依存关系、触发条件或实际过程等具体数据内容。

在明确组织架构和技术条件后，可以将各个用例合并成集成方案。复杂性评估对于用例或集成方案的选择和评估是至关重要的，其基本标准是在具体实施过程中的工作量和收益。从中得出的优先级、实施决策和时间则可以进一步用于搭建实施路线图架构。

1. 评估技术引擎和 SCOR® 最佳方法

对步骤 3 的结果进行如下方面的评定：

■ 技术引擎——工业可用性、成熟度及合规性。

■ SCOR® 最佳方法——应用能力和及时性。

对技术推动力可用性的评估需要基于市场上实际可用的产品和解决方案，其等级划分可以从完全不可用到已发布，再到完全可用（不同供应商推出的标准化产品）。

此外，技术成熟度的评估可以借助 TRL（technology readiness level）完成[NASA 2012]。针对本书提到的流程模型，可以忽略低成熟度技术方案（等级 1-"功能原理描述"到等级 5-"实际环境中的试验性设置"），因为这些技术仍处在开发阶段，其功能还需要进一步观察，并不适用于工业应用。

最后，技术引擎还要通过企业特有的、战略技术层面的一致性评估（compliance）。这其中就包括企业内部的信息通信标准、供应商列表、客户方面的标准、通信技术协议的要求或运营模型的接口准则。除了法律要求，企业还应在引入新技术时对其进行审查。如果做不到这一点，则需要对引进的技术进行甄选以保证一致性需求。

图 4.26 中的表头包含了步骤 3 中的技术引擎和 SCOR® 最佳方法的数量信息（"可用技术或方法数量"一列），在其右侧则是满足可用性、成熟度及合规性（V/RG/C）要求的数量。

为了更清晰的表达，应针对每一项需求或痛点单独计算各个选定的技术引擎和 SCOR® 最佳方法的评估得分，并填入图 4.26 中表格的下半部分。这张表格也是定义实际用例的基础之一。

2. 用例定义

在之前的步骤中已经确定了需求，并对其进行了分类和评估，明确了对应的行动领域；并在此基础上选择和评估了技术引擎和最佳 SCOR® 方法。

在定义用例时，需要考虑以下准则：

1）用于解决问题或痛点的技术方法总数应尽可能少，并且应优先选择成熟度最高的方法；SCOR® 方法也应该选择具有较高应用成熟度的选项，并尽可能

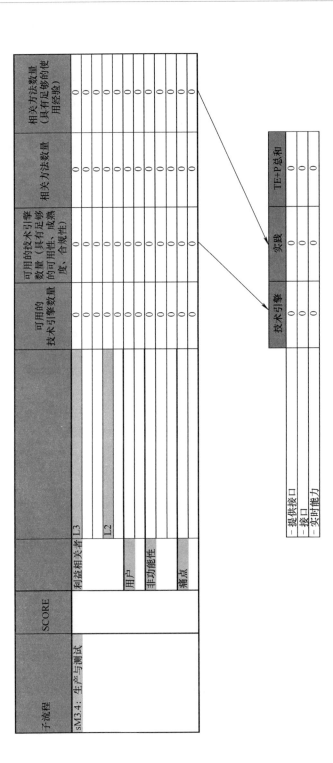

图4.26　步骤4选择的模板

将重点有针对性地放在某一领域上。

2）如果某个用例可在多个领域上实现，那么应该选择最佳成本-效益的组合。

3）集成方案也要遵循第 1）点中的准则，并通过多个用例的组合实现进一步的协同作用。

3. 用例模板（template）

一旦确定了用例，就可以使用推荐的模板对其进行描述和评估。

模板可分为基础部分（图 4.27）和详细部分（图 4.28），并能够随时根据需求修改或扩展，但必须要确保修改前后描述和评估的可比性。

模板各个部分按时间顺序填入工作进度。

模板中的每个区域都用文本进行了说明。说明文本及示例条目能够在首次使用时提供帮助。4.6 节将描述一个完整的应用实例，其中就包括此模板的填写。

图 4.27 所示为用例模板的基础部分。

部分	属性	描述	
基础	名称		
	数量/版本		
	状态	全新的、提议的、批准的…	
	创建者/日期		
	问题描述		
	流程重点（步骤1）	计划、启用、制造	sM3.x
	A）需求（步骤1）		
	A.1）利益相关者		
	A.2）用户		
	A.3）非功能性		
	A.4）痛点		
	执行必要性（步骤1）		使用频率
	假设	成功实现用例的框架条件和假设	
	发布者/日期		

图 4.27　用例模板的基础部分

填写基础部分时，首先要记录用例的主数据（attribute），并将流程模型中步骤 1 的内容（子流程、需求、执行必要性）复制到描述区域（beschreibung），标记其中所做的假设，记录所有的版本释放信息。

在完成所有用例的基础部分填写后，对它们的工作范围和优先级进行比较，必要时可做出修改。然后便可以开始下一步的工作，也就是详细部分的填写。首先自然是优先级最高、应用最多的用例（图4.28）。

详细			工作流：描述用例在对象、功能、系统和执行器之间的应用；图表式或工作流表现方式	步骤1：步骤2：步骤3：步骤4：			
	B）用例流程						
		执行器（RACI）		Rolle	R	A	C	I
				执行器1				
				执行器2				
				执行器3				
				执行器4				
		先决条件					
		触发器					
		后置条件					
		所需数据					
	C）选择的方案（步骤2）	流程： -ausKap#3		产品： -ausKap#3		基础设施： -ausKap#3	
	架构、解决方案概念（草图）	平台、技术、应用程序、协议、用户界面					
	C.1）选择的技术引擎（步骤3）	流程：		产品：		基础设施：	
	C.2）选择的SCOR®方法（步骤3）						
	用例复杂度（步骤4）	结果-根据用例复杂度分类 1—低 2—中 3—高		成本	收益	依赖性	总计
							3
	风险评估	风险类别评估					
	评论，相关文件	针对相关人员的进一步说明					

图 4.28　用例模板的细节部分

详细部分又可以分为 B 部分（实施过程）和 C 部分（所选择的解决方案）。

B 部分描述了用例的实施过程，也就是用户与系统交互的各个步骤。这可以用表格的形式实现，也能够用基于业务流程建模符号（BPMN）的工作流来表达。可能的话，还可以插入一份解决方案在设计阶段的整体架构的草图。

接下来就可以确定用例中的执行部分，并将其角色和职责记录在 RACI（Responsible、Accountable、Consulted、Informed）表中。剩余部分则包括用例的其他功能规范［如前提条件、触发条件（trigger）及后置条件］和执行时所需要的数据。

模板的 C 部分需要填入流程模型中步骤 2~步骤 4 的内容，也就是每个领域内的解决方案、技术引擎及方法。这一步确定了用例的复杂性。

基于复杂性评估结果，按照 SCOR®标准要求创建以改进流程为重点的风险评估报告，其中时间、成本、质量及灵活性都是评价标准。

最后，还有一块用于填写注释和引用用例的相关文档的条目。

4. 用例复杂性评估

对于模板中记录的每个用例都需要进行复杂性评估（图 4.29），其结果将作为最终决策实施与否的基础。总体评价标准如下：

■ 支出：评估实际所需的实施工作量（开发、测试、实施、运营、维护），其中还要考虑对技术引擎和方法的评估结果及实际运用中可能需要的调整工作。

■ 收益：评估需求的满足程度或痛点的解决程度，以及在此过程中带来的正向协同效用。例如，提升流程效率、降低复杂性或减少工作量和废品率。

■ 依存关系：评估各个用例之间的关于时间、组织架构或/技术的依赖关系；实现某个用例或某组集成方案的额外的前提条件。

用例复杂度（步骤4）	结果-根据用例复杂度分类 1—低 2—中 3—高	成本	收益	依赖性	总计
					3

图 4.29　用例模板的复杂度部分

一旦完成了对所有用例的描述和评估，就可以将它们合并成包含所有用例的集成方案，其中所选的技术引擎及 SCOR®方法还可以进行一定的调整。

根据最终用例的定义和评估，基于成本、收益和可用资源对其进行优先级排序，并创建时间和逻辑层面的实施路线图。其中必须要考虑的是，要将重点放在解决短期问题上，还是实施中期的转型战略上。

5. 设计数字化路线图

按照文献中提供的阶段模型，可以从以下几个方面来定义数字化路线图。

■ 愿景及企业战略。

■ 企业的现状。

■ 目标相关的参数及评价标准。

基于最终选择的数字化方法（自下而上或自上而下）可以创建企业特定的阶段模型，在此之后将完成评估的用例分配到各个阶段，如图 4.30 所示。

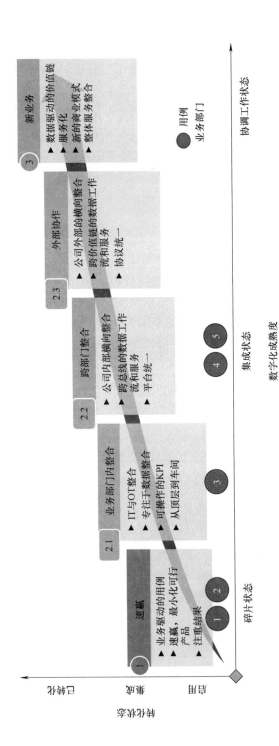

图4.30　基于用例的数字化路线

从图 4.30 可以看到转化状态和数字化成熟度的级别。

■ 在纵坐标轴上，转化状态分为两个级别：启用和已转化。

■ 在横坐标轴上，成熟度分为三个级别：碎片状态、集成状态及协调工作状态。而在"集成状态"这一成熟度级别内，又区分了业务部门内（BU）、部门间（cross BU）及外部协作三个不同阶段。

根据实地车间需求（自下而上）定义的用例常常应用在第 1 层和 2.1 层，它们的关注重点在于企业内部；而策略性用例（自上而下）往往应用在第 2.3 层和 3 层之上。

针对全新领域的开发，可以定义新商业模式的用例而无须考虑企业的当前状况，这一项可以定义在第 3 层。对于新商业模式的开发，应采用独立于各部门的方法，如设计思维或商业模式模板（商业模式画布）。

在介绍了用于开发和评估数字化用例的流程模型之后，下一章将介绍一个简单的应用实例。

4.6　应用实例：机器数据采集（MDE）

下面将使用一个简单的应用实例来描述之前介绍的流程模型，其功能是提供机器数据。

在挑选实例时，笔者有意识地将目光放在了基础用例上，因为这是生产数字化的基本要求，而且根据实际经验，这些基础功能也由于企业内历史架构存在的原因一直未能完全得以实施。

4.6.1　步骤 1——MDE 范围界定

在第一步的开始，我们从 SCOR® 参考流程模型中的第 3 层级，流程类别"make（生产）"中选出子流程"sM3.4-生产与测试"。

接着需要确定相应的需求并用数字为其评估。该子流程的执行必要性将由这些数字的总和来体现（图 4.31）。

■ 利益相关者的需求。

● 提供接口：5。

■ 非功能性需求。

● 接口：3。

● 实时性：3。

各个需求的完成度划分如下。

■ 完全实现：0。

■ 部分实现：3。

- 未实现：5。

针对痛点的评估如下。

- 中危险：5。
- 高危险：9。
- 低危险：0（该痛点应被忽略）。

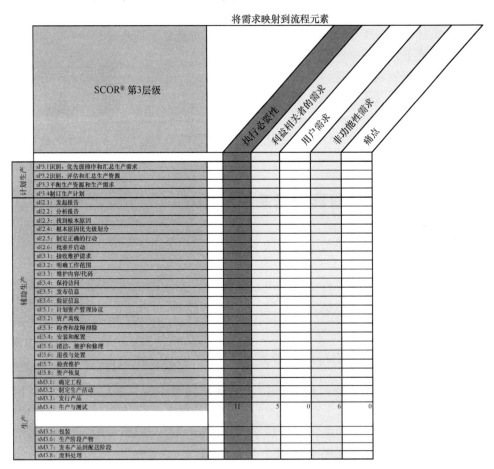

图 4.31　MDE 用例——范围界定

图 4.31 中子流程的执行必要性值为 11。该值对于确定不同子流程的优先级至关重要。

4.6.2　步骤 2——MDE 评估

第二步将基于第一步的结果把对应的活动领域分配给各个需求或痛点。在该示例中，其结果如图 4.32 所示。

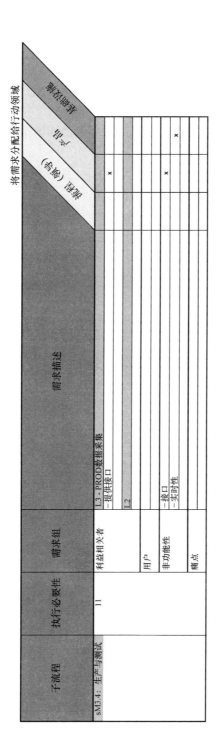

子流程	执行必要性	需求组	需求描述	将需求分配给行动领域		
				理解（步骤）	望	重新审视
sM3.4：生产与测试	11	利益相关者	L3 - PROD数据采集 －提供接口	x		
			L2			
		用户				
		非功能性	一接口	x		
			一实时性		x	
		痛点				

图4.32　MDE用例——评估

4.6.3　步骤3——MDE 确认

第三步根据所选活动领域中的可用技术引擎和方法来确定可能的解决方案。这里所用到的解决方案都已经在第 3 章数字化用例开发的解决方案中介绍过了。

下面为大家介绍图 4.33 中所选择的解决方案的详细信息。

- 利益相关者的需求。
  - 提供接口→ 产品活动领域：3 项技术引擎。
    - 模块化架构。
    - 连通性、接口。
    - 可配置性。
- 非功能性需求。
  - 接口→ 基础设施活动领域：4 项技术引擎。
    - 通信协议。
    - 生产及通信平台。
    - 接口管理。
    - 可配置性（基于软件）。
  - 实时功能→ 基础设施活动领域：1 项技术引擎。
    - 实时生产网络。

将以上内容填入工作模板，结果如图 4.33 所示。

4.6.4　步骤4——MDE 定义

第四步开始时，首先要对所选的解决方案或其中的技术引擎进行可用性和成熟度评估。如果为流程选择的解决方案评估结果欠佳，就无须进一步论及实施了。

这其中还有一个中间步骤，即确认所使用的技术引擎能否同时满足多个需求。在此示例中（图 4.34），完成上述步骤后可以定义一个适用于所有需求的用例。

现在可以将以这种方式定义的用例填写到用例模板的基础部分中。之前步骤的结果及其他相关的主数据也一并填入，如图 4.35 所示。

- 名称：尽可能简短精悍地描述用例名称。
- 版本：版本的描述方式可以自由选择，但应该满足标准化格式的要求。
- 状态：在用例描述的这一阶段，其状态应为"新"；也可以将完整的状态循环（生命周期）填入模板。
- 问题描述：对该问题的简短描述，明确采用此用例的原因。

单个领域内可用的技术引擎及方案数量

子流程	执行必要性	需求组	需求描述	可用的技术引擎数量	可用的方案数量	流程（领导）	产品	基础设施	SCOR方法数量
sM3.4：生产与测试	11	利益相关者	L3–PROD数据采集	0	0	0	0	0	0
		Inf. L3–L2	–提供接口	3	0	0	3	0	0
				0	0	0	0	0	0
			L2	0	0	0	0	0	0
				0	0	0	0	0	0
				0	0	0	0	0	0
		用户		0	0	0	0	0	0
				0	0	0	0	0	0
		非功能性	–接口	4	0	0	0	4	0
			–实时性	1	0	0	0	1	0
				0	0	0	0	0	0
		痛点		0	0	0	0	0	0
				0	0	0	0	0	0

图4.33　MDE用例——确认

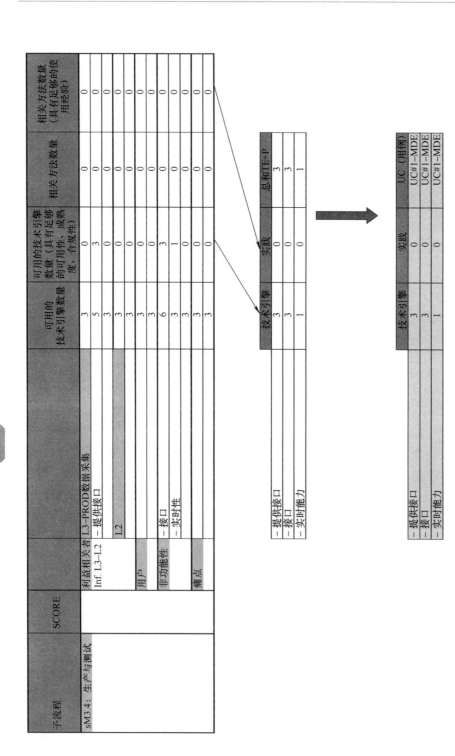

图4.34 MDE用用例——定义：技术引擎评估

部分	属性	描述	
基础	名称	MDE接口	
	数量/版本	UC‐001/V1.0	
	状态	全新的、提议的、批准的…	
	创建者/日期	Max Mayer	2019‐04‐10
	问题描述	到目前为止，无法记录和评估机器故障	
	流程重点（步骤1）	计划、启用、制造	sM3.4：生产与测试
	A）需求（步骤1）		
	A.1）利益相关者	‐提供接口	
	A.2）用户		
	A.3）非功能性	‐接口 ‐实时性	
	A.4）痛点		
	执行必要性（步骤1）	11	使用频率	高
	假设	‐提供接口 ‐接口 ‐实时能力	
	发布者/日期	Heinz Müller	2019‐04‐12

图 4.35　MDE 用例——基础部分

■ 使用频率：评估用例使用的频率，用低、中、高来表示。

在下一个步骤中，用例负责人及技术人员将在用例模板的详细区域填入更多说明，如图 4.36 所示。

■ 用例过程：描述用例在对象、功能、系统与参与者之间交互过程中的应用。描述形式可以是表格或工作流。

■ RACI 表：对参与人员的角色和责任的描述。

● Responsible——谁执行。

● Accountable——谁负责。

● Consulted——咨询谁。

● Informed——告知谁。

前提条件：执行用例的前提条件。

■ 触发器：触发用例执行的事件。

■ 后置条件：用例执行后需要检查的条件。

■ 必要数据：执行用例所必须的数据。

■ 选定的解决方案：为了实现本用例，针对每一个活动领域选择第 2 步中确定的解决方案（详见第 3 章）。

详细	B）用例流程	工作流：描述用例在对象、功能、系统和执行器之间的应用；图表式或工作流表现方式	步骤1：机器记录数据 步骤2：机器通过接口发送数据 步骤3：数据通过网络/平台实时传输到控制系统 步骤4：控制系统接收数据			
	执行器（RACI）		Rolle	R	A	C	I
			Linien-Vorarbeiter				
			Leitsystem				
			Netzwerk/Plattorm		x		
			Maschine	x			
	先决条件	机器通过网络/平台接口连接到控制系统；控制系统配有用于显示的用户界面				
	触发器	基于时间和事件的数据收集				
	后置条件	在控制面板上记录和可视化机器数据				
	所需数据	机器状态数据；来自工作计划的默认数据；来自ERP系统的机器识别标签等				
	C）选择的方案（步骤2）	流程： – aus Kap#3	产品： – 工业4.0组件 – 建模 – 智能传感器	基础设施： – 用于缓冲信息的存储器 – 融合网络的通信		
	架构、解决方案概念（草图）	平台、技术、应用程序、协议、用户界面				
	C.1）选择的技术引擎（步骤3）	流程：	产品：	基础设施：		
	C.2）选择的SCOR®方法（步骤3）					
	用例复杂度（步骤4）	结果-根据用例复杂度分类 1—低 2—中 3—高	成本	收益	依赖性	总计
			2	3	1	3
	风险评估	评估风险类别T、K、Q（与技术人员的TLR相关），降低复杂性（DA-UA的）和灵活性				
	评论，相关文件	针对相关人员的进一步说明				

图 4.36 MDE 用例——细节部分

- 技术引擎选择：为当前用例选择第 3 步中确定的技术引擎方案。
- SCOR® 方法选择：第 3 步中确定的 SCOR® 方法。
- 用例复杂度：确定用例复杂度。

- 风险评估：评估时间、成本、质量和灵活性的风险，目的在于流程改进。
- 注释及相关文档：为该用例所有相关人员提供补充信息及文档。

建议将两项参数用于评估用例，可根据具体需求使用。

- 用例复杂度：这一指标也可以理解为该用例或场景的效益因素，它由以下几个元素构成。
  - 支出。考虑实施所需的时间、成本、资源和许可证等因素，对工作量进行总体评估。
  - 收益。当前用例是否满足需求，需求满足度是多少；是否可以消除或减少痛点。
  - 依存关系。评估与其他用例或场景可能的依存关系。

在本模板中，用例复杂度使用了不考虑权重的算术平均值计算。对于更复杂的评估需求，可以使用成本-效益分析方法。

- 风险评估：基于上面列出的参数进行风险评估，其重点在于通过引入新技术降低风险。为此，企业需要在组织架构上建立专门的风险管理部门。

4.6.5 应用实例总结

从流程模型的应用实例可以看出，企业的要求和需求才是一切的起点，而不是在某些实践案例中提到的技术。为此，可以从不同的角度（如 SCOR® 和 ISA 95）来观察企业及其业务流程，并将他们相互结合起来以获得更全面的了解，以及更准确地定位需求、痛点。

在第 2、3 步中，将依次明确合适的活动领域并为其分配相应的技术引擎。这里的技术引擎只是概念化的技术领域，如通信协议或平台，在实际应用过程中将从中选择具体的技术方案来进行细化。

在接下来的流程中，会对所选定技术方案的成熟度、市场可用性及相应的合规性、一致性进行评估。

用例复杂度可以用来量化各个用例之间的比较和评估，并且可以作为数字化路线图化为流程中的第一盏"指路明灯"。以 4.5.4 小节中的路线图为例，这可能意味着首先使用较高复杂度的用例，在此基础上集成开发复杂度较低的用例，并实现复杂度由高向低的转换。

由上述总结可以看出，用例之间如何相互构建、相互补充或如何形成一个集成式方案将是未来工作的重点。

关于上述流程模型的应用实例，最后还有如下几点注释：

- 某个数字用例能够准确定义和成功实施的前提是对企业现状、未来可能性及市场中可用技术的详细分析。
- 基于现状分析和愿景描述可以找到切合实际的目标，并与企业战略相协调，明确实施道路，但还需要识别和评估实施过程中已知或预期的障碍并形成需求及痛点描述。

■ 本章提供的用例模板是对用例进行结构化描述和评估的起点，并可以根据不同需求修改或随着在企业中应用的进步而进一步开发。

■ 用例的定义工作应以明确的目标为导向，并提供适当的详细信息。从简单的用例开始，结合项目经验逐步将其集成到路线图中。

■ 在描述和评估用例时，必须参考特定边界条件的要求；并充分利用多个用例组合产生的协同潜力。

■ 实施过程的每个阶段都应遵循对应的要求。这适用于工作环境和所使用的方法。

■ 根据企业内部的技术水平和资源情况，可以适当地寻找外部支持。

■ 技术的新颖性及工业 4.0 本身的跨学科特性要求跨部门和企业之间进行交流与合作。

■ 产品、流程和基础设施这三个领域内的不同解决方案在应用新技术时都需要借鉴现有技术及工作经验。对于满足要求的应用，必须对它们进行充分的描述和评估。

■ 对于新技术的评价必须包含企业内部准则、合规性规定和行业相关标准。

■ 复杂度和收益评估可以明确实施路线图中的各个阶段。

■ 在应用建议的流程模型时，建议在所有步骤中采用迭代法以保证从尽可能多的角度来定义和评估用例。实施过程中的调整与更改将会导致更高的成本与计划步骤的重复。

4.7　经验数据和文献用例

正如应用实例总结中所介绍的，基于笔者的经验，以下几点对于实现工业 4.0 至关重要。

■ 初步研究与分析。

■ 记录初始状况并描述目标方案。

■ 基于成熟度创建技术列表并进行评估。

■ 企业内部准则及合规性检查。

■ 跨学科和跨领域合作。

大多数情况，如简化用例中所示，数字用例只是企业长期转型的起点。新开发的解决方案方法必须以个别用例或集成方案的形式进行具体实施，以便确定在特定框架条件下相关企业是否可以实现理论上的潜在收益。其中很重要的一点就是技术复杂性不会超过企业的组织及预算能力。

下面将介绍几个来自其他文献的用例示例。

4.7.1　关于奥地利中型企业工业 4.0 应用研究中的用例

在本研究的框架内，总共对 68 家奥地利企业进行了采访，以确定它们对于通过工业 4.0 和全新的商业模式进行数字化转型的认知水平、所持有的态度或已经做出的行动。相关的出版物《通过工业 4.0 和新商业模式进行数字化转型的行动建议》（Lassnig 2016）中列出了以下一些企业已经发布的数字化用例。

■ Atomic Austria GmbH：根据最终客户的个性化需求，将数字传感器应用于滑雪板生产的优化中以实现定制化生产。

■ Schlotterer Sonnenschutz-Systeme GmbH：通过数字化生产的支持，应用自动化订单输入功能以实现对各种变型订单的管理。

■ AVL List GmbH：通过物联网的新商业模式，基于运营数据开发"智能化服务"。

■ Zumtobel Group AG：通过基于智能传感器的照明管理系统节省成本（能源、维护相关）并建立新的商业模式。

■ Curecomp Software Services GmbH：通过优化整个供应关系管理流程来实现智能供应商管理。

4.7.2　应用 UMATI 的机床用例

可以从 UMATI（详细介绍请参见第 1 章）相关的活动中总结出以下机床用例（Biedermann 2018）。

1）巨浪（Chiron）展示了带有发那科（Fanuc）控制器的铣削/车削中心，软件由 IGH 提供。

2）德马吉（DMG Mori）提供了带有西门子（Siemens）控制器的车削/铣削完整加工中心，软件由 Adamos 和 IGH 提供。

3）埃马克（Emag）在立式车床中加入发那科（Fanuc）控制器及自主研发的多机器监控器。

4）GF Machining Solutions 开发了带有 Beckhoff 控制器的电火花线切割机，并提供名为 GFMS rConnect 的数字服务，软件由 IGH 提供。

5）Heller 建立了一个带有西门子（Siemens）控制器的铣削中心，能够和西门子的 MindSphere 及 IGH 服务器通信。

6）Grob 将基于西门子（Siemens）控制器的铣削中心与西门子的 MindSphere、IGH 及自己的工业 4.0 平台连接到一起。Grob 还利用 Heidenhain 控制器集成了其他带有不同控制器的机器。

7）Liebherr-Verzahntechnik 展示了如何将配备西门子（Siemens）控制器的

齿轮铣削机和磨床连接到企业自主研发的 LMS 4.0 系统上。

8）FFG 集团的 Pfiffner 将带有博世控制器的回转式机床连接到了 IGH 服务器。

9）United Grinding Group 将带有发那科（Fanuc）控制器的磨床与自主研发的数字化解决方案平台及 IGH 服务器相连。

10）Beckhoff 展示了一个配置自主研发控制器的技术平台，实现了与 Beckhoff TC3 OPC UA 及 IGH 相连接的功能。

11）博世也实现了自主研发的 MTX 控制器与 Bosch Rexroth Active Cockpit 及 IGH 互联的功能。

12）Trumpf 与 ISW 合作，共同专注于信息建模。此外，Trumpf 还开始了概念验证工作，尝试将转换引擎的参考实现与 ISW 连接起来。

4.7.3 合作项目——企业 4.0

"企业 4.0"是一个合作项目，致力于研究数字化进程对奥地利中型企业的影响（Rancz 2017）。

为了引导各参与团体和企业之间的经验交流，每个企业都基于自己在实践项目中取得的优良成果定义了许多主题和"用例"。企业 4.0 流程模型如图 4.37 所示。

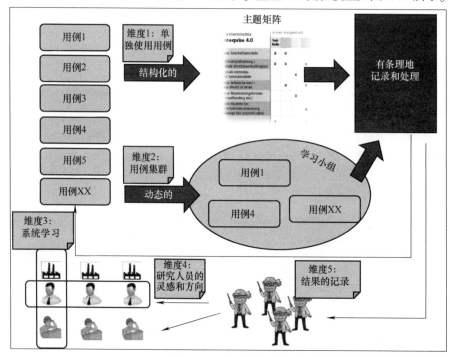

图 4.37　企业 4.0 流程模型

使用企业 4.0 用例画布创建用例，如图 4.38 所示。

图 4.38　企业 4.0 用例画布

基于已有的数据，以简化的形式定义和开发用例。

- Bene——将目标转换为实际，系统数据无缝衔接设计与生产。
- Buntmetall Amstetten——数字化的工具注册、状态及保存信息记录。
- Doka Group——服务于后期维护的中央数据中心。
- Georg Fischer Fittings——企业及部门关键指标可视化。
- Franz Haas Waffelmaschinen——无纸化生产。
- Hörbiger Kompressor- und Antriebstechnik——统一的 MES 生产平台。
- Novomatic Industries——预测性流程维护。
- Regionales Innovationszentrum（RIC），BRP-Rotax 子公司——协作机器人。
- Riegl Laser Measurement Systems——优化 3D 打印。
- Test Fuchs——新商业模式，即"测试台架作为数据源"。
- Welser Profile——数字化工具管理。

第5章 总结与展望

从工业4.0及智能生产网络的角度出发，信息和通信技术领域的最新发展及工业生产中日益增长的灵活性需求是对现有生产系统进行现代化改造的两大主要动力。在实现这一构想的过程中，我们依旧可以借鉴近年来类似计算机集成制造的技术方案，即使它们的最终目标不同。

生产系统、整体系统或工厂中各类元素的数字孪生正是工业4.0的重要组成部分。为此，必须在面向服务的系统架构基础上建立合适的运营模型。物联网、数据及服务平台、云和边缘计算架构组成了这套模型的基础。

不同的理论及措施被用来确保选择合适的解决方案，并在实际工作中提供相互交流经验的机会。每个企业需要根据自身的实际状况，借助新的方法推导出合适的数字化转型路径。

5.1 动机

笔者在工业4.0领域及生产系统数字化方面的项目经验形成了从大量方法和模型中构建用于描述和评估数字化用例的通用模型的想法，其根本目的在于帮助读者解答有关数字化的评估与识别问题。

事实表明，由于缺乏结构化的程序模型，大量项目的实际支出高于预算，并且部分项目无法达到预期的结果。例如，在应用新技术之前未针对企业需求检验其成熟度和适用性或盲目地追随市场而不顾企业现阶段是否具备足够的组织能力。

更确切地说，现在的项目常常基于所谓的技术创新（针对过时技术的创新），并且盲目地认为这些新的技术解决方案有着极大的潜力。在一些企业中，大家最终会在几次尝试之后意识到，这些数字化方案无法有效地解决运营问题。

在某些企业中，这甚至会导致各个部门与领导层之间关于能力、资源的争论。已经确立的项目往往会因此而出现偏差，从而形成部门内部独立解决的状况，但这完全无法实现企业的整体利益。

由此可以推断，要实现数字化企业内部合适的战略和组织架构是必不可少的。对数字化主题的统一理解；对潜在利益切合实际的期望；明确的战略规划；

可量化的规范和恰当的职责分配；创建合适的流程模型是企业实现数字化或工业 4.0 的环境基础。

5.2 现有成果

针对欧洲工业现状，我们需要认清所面临的挑战和障碍；明确数字化进程的主要助力因素；探讨数字化的潜力和风险。当然，交互性和信息安全也是不能忽略的。

工业 4.0 或生产数字化不应该简单地理解为技术项目。它需要技术、流程和组织架构等多方面的综合考虑。企业内部的交流和对外的协作都有着巨大的发掘潜力，在数字化战略发展之初就应该考虑到这一点。

由于时间原因，笔者在本书中省略了人员和社会方面的话题，也避免了相关数字商业模式的讨论。以上主题请参考其他相关文献。

我们使用一个分为 4 个步骤的流程模型，用于确认、描述和评估生产系统的数字化项目，其内部元素可以根据不同的任务目标进行调整。流程模型的创建基于以下前提：

- 数字化项目的起点是对概念及战略规范的统一理解。
- 具体实施阶段需应用自适应的阶段模型。
- 数字化的应用范围涵盖整个增值过程。
- 在对需求和痛点进行分类后，将其分配给流程元素并确定优先级。
- 使用合适的现有标准（SCOR®、ISA 95 等）和技术列表。
- 将产品、流程和基础设施定为数字化的三个行动领域，并选出相关的支持方法和组件。
- 解决方案将根据技术方案和实践方法定义。
- 用于数字化的标识、描述、评估、计划及实施的显示格式是用例（use case）；根据需求，用例还可以集成到实际场景中。
- 对单独用例或集成方案的描述和评估基于可调整的模板。
- 借助上述用例或集成方案，可以根据战略规范创建一个或多个实施路线图。

笔者在数字化及创新方面的更多建议总结如下：

- 为了形成对新主题的整体理解并利用其他企业的经验，应倡议与相应的工作组进行有针对性的交流。
- 应根据业务流程、企业组织架构和基础设施配置来评估全新主题相关的挑战、障碍和潜力。

5.3 必要性和展望

前面提出的流程模型中包含了部分可在后续步骤中继续开发的假设和限制，它们为：

- SCOR®指标和性能属性的使用一致性。
- 采购及交付中应用 SCOR®子流程。
- 在类似 Sparx Enterprise Architect 的建模工具中使用的数据模型结构；用于构建规范模板、评估数据库及由规范自动导出的中性数据格式，如 B2MML（数据模型定义）等。
- 基于用例评估结果的数据库及当前技术方案类别开发用例配置器。
- 开发具有兼容性信息接口的跨行业技术数据库、关键字集成工程（stichwort integration engineering）。
- 针对数字化用例的阶段性规划与实施扩展流程模型。

除了已经提到的结果、认知和建议，笔者还认为，关于工业 4.0 主题还有以下几点值得探究：

- 首先是在工业 4.0 主题上促进和加强跨学科合作。
- 改进不同领域内特定方法和模型的适用性以降低跨学科使用时的复杂度、关键字 MBSE（基于模型的系统工程）。
- 以可配置化为重点的模型及解决方案开发，程序模型、流程模型及体系架构模型的描述格式的兼容性应放在首位。为 IT/OT 开发提供平台化的参考模型；根据所选平台，针对面向服务的系统架构提供可配置的模块，请参见 RAMI 4.0。
- 掌握信息和通信技术，以此为基础在产品（服务）及方法（工具）维度上推动数字化的发展，将其用于产品和服务的开发与制造过程中。
- 协调与同步不同措施以实现交互性和标准化。在交互性的核心，即数据交换和通信领域，相关资源应该更紧密地捆绑在一起。
- 专注于具体实施，尝试试点和 MVP 以便快速获得初体验。公共资金支持计划应考虑中型企业的利益并为此做出调整。建立现代化的试点工厂来实现支持及培训计划。
- 建立有关工业 4.0 的跨部门知识数据库，为合作伙伴提供经验性报告和已通过验证的技术模块。
- 针对各种产品及流程，改进和完善其相关的数据及信息安全标准。系统开放性、标准化及安全性范式应同时加以考虑。

遵循工业 4.0 的愿景，企业可以根据客户需求完成定制化生产任务。在集成化的生产网络中，机器和生产对象可以自主协调生产工作并完成自我优化。

生产商、服务提供商、供应商和最终客户都可以获得关于时间、成本和质量的最透明的信息，可以在增值过程中对短期变化做出反应或提前预测外部影响并采取灵活的预防措施。

实现上述目标的部分前提条件已经创建，如 RAMI 4.0。为了更全面和优质地实施，国际环境中仍然缺乏一些基础构建模块来协调相互之间的关系，如跨行业的交互和通信标准。

前面提到的各种障碍正是某些项目中问题无法解决或解决缓慢的原因。一些实际用例已经表明，在迈向工业 4.0 的进程中，它们在各个行业中都能得到很好的运用并取得十分明显的优势。假设仍存在未开发的潜力，可以将它们作为技术进步的踏板，提高大家对新技术的接受程度，保证做出比之前更好的技术决策。

以汽车行业为例，人们已经可以在最终客户端感受到大众对于数字化的接纳程度。"智能汽车"（connected car）中的系统和服务能够帮助驾驶员在行车过程中保持车道居中或独立地完成泊车。当然，从第一颗传感器的运用到这些实际用例的实施需要一些时间和资金的投入。为此所需的技术、概念、系统和服务的开发也都已经达到了相对完整的程度。

参考文献

Vorwort

Gerhard, D.: Technische Universität Wien, März 2019

Einleitung

Mueller, F. G., et al.: „ Entwicklungsfelder für den Mittelstand ", Seminar „ successful implementation of Industry 4. 0 in manufacturing", Fraunhofer IPA, 2016

Gassmann, O., et al.: „ Digitale Transformation im Unternehmen gestalten ", Seite 43, Hanser 2016

Hempen, U.: „ Der Schlüssel der digitalen Transformation", Computer Automation, Ausgabe 4/18, Seite 38f, 2018

Lünendonk®-Whitepaper, „ Smart Factory - Wie die Digitalisierung Fabriken verändert", Seite 10, 2016

Kagermann, Lukas, Wahlster, „ Industrie 4. 0: Mit dem Internet der Dinge auf dem Weg zur 4. industriellen Revolution", April 2011

Kittl, B. : „ Gedanken zu CIM", IFT/TU Wien, 2018

Gerhard, D.: „ Status Industrie 4. 0 in Österreich und in der TU Wien Pilotfabrik Industrie 4. 0", Open Lab Day, 2018

Brandt, P.: „ Industrie 4. 0 - Was lernen wir aus früheren Informatisierungswellen? ", DGB-Bericht NRW, 11/2017, Seite 49f, *http://www. nrw. dgb. de*

Siemens Industry Software, 2018

Deloitte University Press, 2018

Mueller, F. G.: Seminar „ successful implementation of Industry 4. 0 in manufacturing", Fraunhofer IPA, 2016

Kastner, W.: Lehrgang DigiTrans 4. 0, Automation Systems Group/TU Wien, 2018

Petermann, K.: „ Netzwerke der Zukunft - OT-Security im Kontext von Industrie 4. 0", 10/2017, *https://www. ien-dach. de/artikel/netzwerke-der-zukunft-ot-security-im-kontext-von-industrie- 40/*

Venus, K.: „ Mit Prioritäten setzen zu mehr Unternehmensgewinn", VNL Magazin, Ausgabe Frühling 2018, Seite 5f

Wikipedia, „OASIS"

Bauer, K., et al.: Working paper „Benefits of Application Scenario Value-Based Service", Seite 8f, 04/2017; Plattform Industrie 4. 0, http://www. platform-i 40. de

BMWi, Juli 2018, https://www. plattform-i 40. de/PI 40/Navigation/DE/Plattform/ Hintergrund/hintergrund. html

SCI4. 0, 2018, https://sci 40. com/de/ueber-uns. html

https://www. adamos. com/ueber-adamos

https://www. plcopen. org/

Koch, H. -J., Gulsch, M.: „PLCnext-Future proofed control technology", Wiener Produktionstechnik Kongress 2018, Band 4, Seite 25f

Umati-Kurzvorstellung, Version 02/19, http://www. umati. info

K2 - Herausforderungen

Vogel-Heuser, B. (2015), „lessons learned - Schrittweise modellbasiert migrieren von Industrie 3. 0 zu 4. 0"; slide Landherr 2016, Fraunhofer IPA (aus Müller, F. G.: Seminar „successful implementation of Industry 4. 0 in manufacturing", Seite 22, 2018)

Mueller, F. G., et al.: „Entwicklungsfelder für den Mittelstand", 2016; aus Seminar „successful implementation of Industry 4. 0 in manufacturing", Seite 16, Fraunhofer IPA, 2018

Abele, E., Reinhart, G. (2011): „Zukunft der Produktion; Bundeszentrale für politische Bildung (2010) Transport- und Kommunikationskosten"; Tagesspiegel; Landherr 2016; (aus Seminar „successful implementation of Industry 4. 0 in manufacturing", Seite 19, Fraunhofer IPA, 2018)

Mueller, F. G., et al: „Entwicklungsfelder für den Mittelstand", 2016; aus Seminar „successful implementation of Industry 4. 0 in manufacturing", Seite 15, Fraunhofer IPA, 2018

Wyman, „Digitale Industrie - Der wahre Wert von Industrie 4. 0", 2016

Potema; https://www. protema. de/fokusthemen/digitale-transformation-und-indus- trie- 4. 0/quick-check-zur-nutzung-von-industrie- 4. 0-ansaetzen/

Impuls-Stiftung des VDMA, „Industrie 4. 0-Readiness", 2018, https://www. industrie 40 -readiness. de/

Bitkom, Umfrage: „Digitalisierung verändert die Unternehmensorganisation", 2015, https://www. bitkom. org/Presse/Presseinformation/Digitalisierung-veraendert-die

Unternehmensorganisation. html

Friedrich-Ebert-Stiftung, Christian Schröder „Herausforderungen von Industrie 4. 0 für den Mittelstand", 2016

PAC: „SITSI Market Analysis InBrief Analysis, DIGITAL ECOSYSTEMS - RELE-VANCE, EXAMPLES AND IMPLICATIONS FOR MANUFACTURERS ", Seite 3, 2018

Fraunhofer IPA 2017; (aus Müller, F G.: Seminar „successful implementation of Industry 4. 0 in manufacturing", Seite 77, Fraunhofer IPA, 2018

Fraunhofer IOSB, KARLA: Weiterbildung für Fach- und Führungskräfte, 2017, *https://www. iosb. fraunhofer. de/servlet/is/ 7948/*

Schmelzer, H, Sesselmann, W.: „Geschäftsprozessmanagement in der Praxis", Seite 7, Hanser, 2008

Moll, A., Kohler, G.: „Excellence-Leitfaden, Praktische Umsetzung des EFQM-Excellence Modells", Seite 139, Symposium Publishing, 2014

IATF (International Automotive Task Force), Prozessreferenzmodell ISO TS 16949:2009

Wikipedia, „operations management"

TOGAF (The Open Group Architecture Framework), 2011; http://pubs. opengroup. org/architecture/toga f9-doc/arch

MESA (Manufacturing Enterprise Solutions Association) International, ISA 95, 2013; *http://www. mesa. org/en/modelstrategicinitiatives/MSI. asp*

Atos IT Services und Solutions GmbH, 2018

Atos IT Services und Solutions GmbH, Hannover Messe, 2018

MPDV, „Dynamic Manufacturing Control", 2017

BoschRexroth, automation: „Mein digitaler Assistent ", März 2019, *https://www. automationnet. de/mein-digitaler-assistent- 81812*

Willerich, Kai, Industrie Anzeiger: „Elektronik und Software aus dem Baukasten" Februar 2017, *https://industrieanzeiger industrie. de/technik/fertigung/elektronik-und-software-aus-dem-baukasten/*

Omron, design products & applications: „i-Automation provides the path to perfect production ", Oktober 2018, *http://www. dpaonthenet. net/article/ 162712/i-Automation provides-the-path-to-perfect-production. aspx*

Hitachi, „Multiple AI coordination control that realizes efficient warehouse picking by integrating control of robotic arms with AGV", 2018

OAS - Open Automation Software, „IIoT Edge Computing vs. Cloud Computing", 2018, (*https://open automationsoftware. com/blog/iiot-edge-computing-vs-cloud-compu-*

ting/)

RIDE ON DATA, „ Comparing Real Time Analytics and Batch Processing Applications with Hadoop MapReduce and Spark ", (Hadoop State of Art Analytics Stack (Source: Ion Stoica's Presentation, Spark Summit'13)), July 2015 (*https://rideondata. wordpress. com/ 2015/ 07/ 13/hadoop-mapreduce-vs-spark/*)

Kastner, W.: Lehrgang DigiTrans 4. 0, Automation Systems Group/TU Wien, 2018

IEEE Cloud Computing, Christian Esposito, Aniello Castiglione, Ben Martini, Kim-Kwang Raymond Choo „ Cloud Manufacturing: Security, Privacy, and Forensic Concerns", 2016

Schneider Electric, Operations Management Systems Evolution - OT/IT Convergence „ What does it mean in the Industrial-World? ", Februar 2015, *http://operationalevolution. blogspot. com/2015/02/otit-convergence- what-does-it-mean-in. html*

Petermann, K.: „ Netzwerke der Zukunft - OT-Security im Kontext von Industrie 4. 0", 10/2017, *https://www. ien-dach. de/ artikel/ netzwerke-der-zukunft-ot-security-im-kontext-von-industrie- 40/*

Eigner, M., Stelzer, R.: „ PLM-ein Leitfaden für Product Development und LifeCycle Management", Springer, 2009

Plattform Industrie 4. 0, „ Sicherheitskonzepte für Industrie 4. 0 ", 2018, *https://www. plattform-i 40. de/PI 40/ Navigation/DE/Industrie40/Handlungsfelder/Sicherheit/sicherheit. html*

Russell, Robert, Industry-of-things. de: „ Security by Design - Industrie 4. 0 - ein Sicherheitsrisiko? ", Dezember 2018

INSTITUT FÜR DEMOSKOPIE ALLENSBACH, „ SICHERHEITSREPORT ENTSCHEIDER 2016", 2016

K3 -Lösungsansätze

Breitfuß, G., et al.: „ Analyse von Geschäftsmodellinnovationen durch die digitale Transformation mit Industrie 4. 0 ", Band 3, 2017, Seite 16f, *http://www. salzburgresearch. at/projiekt/i 40-transform/*

Liu, C., Xu, X.: „ Cyber-Physical Machine Tool - the Era of Machine Tool 4. 0", The 50th CIRP Conference on Manufacturing Systems, May 2017; *http://creativecommons. org/ licenses/ by-nc-nd/ 4. 0/*

Plattform Industrie 4. 0 und ZVEI, RAMI 4. 0; *www. plattform-i 40. de/ I 40/ Online-Bibliothek*

Capgemini Consulting Group, The Capgemini Consulting Industry 4. 0 Framework, Seite

6f,2014

Schleipen, M.: „OPC UA und AutomationML in der Industrie 4. 0-Begriffswelt ", Sept. 2016, *https://www. informatik-aktuell. de/*

Wimmer, M.: Lehrgang DigiTrans 4. 0, Business Informatics Group/TU Wien, 2018

Schmidt, N., Lüder, A.: „AutomationML in a Nutshell ", Seite 13, AutomationML Consortium, Nov. 2015

Müller, C.: „Sensor Integration and Web Services - the Key to Industry 4. 0", Sick AG, Wiener Produk-tionstechnik Kongress, 2018

VDMA: „Guideline Industrie 4. 0 - Guiding principles for the implementation of Industrie 4. 0 in small and medium sized businesses "; Seite 12f, VDMA Industrie 4. 0 Forum, 2016; *http://industrie 40. vdma. org*

Schmelzer, H, Sesselmann, W.: „Geschäftsprozessmanagement in der Praxis ", Seite 7, Hanser, 2008

Supply-Chain Council (SCC): „SCOR®-Modell "; *http://www. apics. org/apics-for-business*

Moll, A., Kohler, G.: „Excellence-Leitfaden, Praktische Umsetzung des EFQM-Excellence Modells ", Seite 139, Symposium Publishing, 2014

Wikipedia, operations management

Bauer, K., et al.: Working paper „Benefits of Application Scenario Value-Based Service", Seite 8f, 04/2017; Plattform Industrie 4. 0, *http://www. plattform-i 40. de*

Feizabadi, Shrivastava, SupplyChain247: „Does Artificial Intelligence Enabled Demand Forecasting Improve Supply Chain Efficiency?", November 2018, *https://www. supplychain247. com/article/does_ai_enabled_demand_ forecasting_ improve_ supply_chain_ efficiency*

Sämann, Florian, MM Logistik: „Flexible Lieferkettenplanung nach Kundenbedarf ", Juni 2018, *https://www. mm-logistik. voge. lde/flexible-lieferkettenplanung-nach-kundenbedarf-a- 725616/*

TECOSIM, Produktionssimulation/Produktionsplanung, 2019, *https://www. tecosim. com/de/leistungen/produktionssimulation/produktionsplanung/*

Flexsim, Produktions- oder Montagesimulation, 2019, *https://www. flexsim. com/de/simulation-software/*

Wikipedia, OPC UA TSN, 2019, *http://de. wikipedia. org/wiki/OPC_UA_TSN*

YOLE, „Sensors and robots will share a common destiny ", 2016, *http://www. yole. fr/Drones_Robots_Roadmap. aspx*

SAP, „SAP Digital Manufacturing Execution Suite 2018-09 ", 2018

TURCK, Automation&Digitalisierung, „ IP67 -RFID-INTERFACE MIT OPC-UA-SERV-ER", Oktober 2018, *https://www. industr. com/de/ip-rfid- interface-mit-opc-ua serv-er- 2350415*

Homag, „ Vernetzte Produktion und Industrie 4. 0 - Eine Vision ist Realität", 2018, *https://www. homag. com/ihre-loesung/vernetite-fertigung-industrie40/*

Hasselberg, F., „ Unterschied zwischen 1D und 2D Barcodes ", 2018, *https://www. milo-rental. com/blog/ 151/Unterschied_ 1D_und_2D_Barcodes. html*

RaviRaj Technologies, RFID-Tags, 2019, *https://www. ravirajtech. com/rfid-tags. html*

Gartner, „ Graphical Depiction of Analytics", 2013

BMBF, „ Umsetzungsempfehlungen für das Zukunftsprojekt Industrie 4. 0", April 2013, *www. bmbf. de/files/Umsetzungsempfehlungen_ Industrie 4_0. pdf*

SmartFactoryKL, Der Aufbau 2019, „ Intelligent, modular - und bereits in industrietauglicher Ausführung: Die Industrie 4. 0-Anlage von SmartFactoryKL ", 2019, *https://smartfactory. de/industrie- 4- 0-anlage/industrie- 4- 0-anlage 2019/*

Aunkofer, Benjamin, der-wirtschaftsingenieur. de: „ FERTIGUNGSMITTELANORD-NUNG ", 2011, *https://www. der-wirtschaftsingenieur. de/index. php/fertigungsmittelanordnung/*

SICK, „ Funktionale Sicherheit bei der Mensch- Roboter-Kollaboration (MRK)", 2019, *https://www. sick. com/de/de/unsere-kompetenz-in-maschinensicherheit/mensch-roboter-kollaboration/w/human-robot collaboration/*

Kuka, AutomationPraxis: „ Platzsparende MRK entlastet Mitarbeiter", 2018, *https://automationspraxis. industrie. de/cobot/anwendung/kuka-liwa/platzsparende-mrk-entlastet mitarbeiter/*

Cobot Consulting, AutomationPraxis: „ Tipps & Tricks für MRK", 2017, *https://automationspraxis. industrie. de/servicerobotik/tipps-tricks-fuer-mrk/*

Sonnenberg, Victoria, MaschinenMarkt: „ Produktiver im Exoskelett ", 2017, *https://www. maschinen markt. vogel. de/produktiver-im-exoskelett-a- 665585/*

XSENS, Applictions: „ Biomechanical analysis ", 2016, *https://www. xsens. com/functions/human-motion-measurement/*

Fraunhofer Austria, „ TU Wien Industrie 4. 0 Pilotfabrik - Workshop: Montage- und Logistiksystem", 2016

WIBOND Informationssysteme GmbH, „ AssemblyVision - Werkerführung", 2018, *https://wibond. de/produkte/industriemonitoreipc/industriemonitor-applikationen/assemblyvision-werkerfuehrung. html*

Analytics AI-ML, „ Proven Lean Six Sigma Digital Transformation for SME", 2018, *ht-*

tps：//*www. analytics aiml. com/home/digital-lean-six-sigma/*

Steute，„ Mobiles eKanban-Regal mit FTS" , 2018, *https*：//*www. nexy. net/de/loesungen/mobiles-ekanban-regal-mit-fts. html*

Zoller，Maschinen + Werkzeuge：„ Voraussetzungen für Industrie 4. 0" , Juli 2015, *https*：//*www. maschine werkzeug. de/peripherie/uebersicht/artikel/voraussetzungen-fuerindustrie- 40-1216019. html*

Coscom，PresseBox：„ Mit Werkzeugverwaltung zu smart factory：COSCOM vernetzt Toolmanagement-system in der Praxis" , September 2015, *https*：//*www. pressebox. de/pressemitteilung/coscom-compu ter-gmbh/Mit-Werkzeugverwaltung-zu-smart-factory/boxid/ 758415*

K4 -Vorgehensmodell

Bildstein，A.：„ Industrie 4. 0-Readiness：Migration zur Industrie 4. 0-Fertigung" , Fraunhofer IPA；aus T. Bauernhansl et. al, Industrie 4. 0 in Produktion, Automatisierung und Logistik, Seite 588f, Springer Vieweg, 2014

Supply-Chain Council（SCC）:„ SCOR®-Modell" ；*http*：//*www. apics. org/apics-for-business*

Stölzle，W. ，Halsband，E.：„ Das Supply-Chain Operations Reference（SCOR®）-Mdell" , Controlling, Heft 8/9, 2005, Seite 541

Supply-Chain Council（SCC）：„ Supply Chain Operations Reference Model" , Version 11, Oct. 2012

EN 62264-1：„ Integration von Unternehmensführungs- und Leitsystemen - Teil 1：Modelle und Terminologie（IEC 62264-1：2013）" ；Deutsche Fassung EN 62264-1：2013；Seite 17

EN 62264-3：„ Integration von Unternehmensführungs- und Leitsystemen - Teil 3：Aktivitätsmodelle für das Betriebsmanagement（IEC 622643：2016）" ；Englische Fassung EN 622643：2017；Seite 14

NASA，Technology Readiness Level（TLR）, Oct. 2012, *https*：//*www. nasa. gov/directorates/heo/scan/engineering/technology/txt_ accordion 1. html*

Atos IT Dienstleistungs und Service GmbH, 2017

Lassnig，M. ，et al.：„ Industrie 4. 0 in Österreich. Kenntnisstand und Einstellung zur digitalen Transformation durch Industrie 4. 0 und neue Geschäftsmodelle in österreichischen Unternehmen " , Band 2, 2016, *http*：//*www. salzburgresearch. at/publikation/industrie- 4-0-in-oesterreich/*

Biedermann, E.：„ Umati：VDW-Schnittstelle soll Plug & Play im Maschinenbau ermöglichen " ; 09/2018 ; *https*：*//factorynet. at/a/umati-vdw-schnittstelle- soll-plug-play-im-maschinenbau-ermoeglichen*

Rancz, A.：„ Enterprise 4. 0 " , Ecoplus Mechatronic Cluster NÖ, 2017 ; *https*：*// www. ecoplus. at/interessiert-an/cluster-kooperationen/mechatronik-cluster/projekt-en-terprise- 40/*

术语表

IKT	Informations-und Kommunikations Technologie	信息和通信技术
CPS	Cyber Physical System	信息物理系统
M2M	Machine to Machine	机器互联
HMI	Human Machine Interface	人机界面
CIM	Computer Integrated Manufacturing	计算机集成制造
PLM	Product Lifecycle Management	产品生命周期管理
AWF	Ausschusses für wirtschaftliche Fertigung	经济生产委员会
PPS	Produktionsplanung/-steuerung	生产计划和管理
EDV	elektronische Datenverarbeitung	电子数据处理系统
ERP	Enterprise Resource Planning	企业资源规划
MES	manufacturing execution/operation management system	制造执行系统
SOA	Service-Oriented Architecture	面向服务的结构模型
OT	operations technology	运营技术
SCADA	Supervisory Control And Data Acquisition	数据采集与监视控制
PLC	Programmable logic controller	可编程控制器
IoT	Internet of Things	物联网
SCM	Supply Chain Management	供应链管理
RAMI 4.0	referenzarchitekturmodell industrie4.0	工业 4.0 参考架构模型
BITKOM	Bundesverband Informationswirtschaft, Telekommunikation und neue Medien	德国信息技术和通信新媒体协会
ZVEI	Zentralverband der Elektrotechnischen Industrie	德国电气和电子制造商协会
VDMA	Der Verband Deutscher Maschinen- und Anlagenbau	德国机械设备制造业联合会

SCI	Standardization Council Industrie	标准化委员会
OPC	Open Platform Communications	开放通信平台
ADAMOS	ADAptive Manufacturing Open Solutions	自适应制造开放式解决方案
IIoT	Industry Internet of Things	工业物联网
VDW	Verein Deutscher Werkzeugmaschinenfabriken	德国机床制造商协会
UMATI	universal machine tool interface	通用机床接口标准
DEI	Digitalisierung der europäischen Industrie	欧洲工业数字化
MVP	minimum viable product	最小化可行产品
DSGVO	Datenschutzgrundverordnung	数据保护基本条例
ETO	Engineer to order	面向订单设计
VDI	Verein Deutscher Ingenieure	德国工程师协会
SCC	Supply Chain Council	国际供应链理事会
SCOR®	Supply Chain Operations Reference	供应链运作参考流程模型
ToGAF	The Open Group Architecture Framework	开放组体系结构框架
CPPS	Cyber Physical Production System	信息物理生产系统
SAP	System Applications and Products	企业管理系列软件
MTO	Make to order	按订单生产
RFID	Radio Frequency Identification	射频识别
PEP	Produktentstehungsprozess	产品开发流程
BSI	Bundesamt für Sicherheit in der Informationstechnik	联邦信息安全局
CPMT	Cyber Physical Machine Tool	信息物理系统工具
QoS	quality of service	服务质量
BPMN	business process modeling notation	业务流程建模符号
ATO	assemble to order	按订单组装
MTS	make to stock	按库存生产
VBS	value based services	基于价值的服务模式

BPM	Business Process Management	业务流程管理
MAPE	mean absolute percentage error	平均百分比误差
AIN	Asset Intelligent Network	资产智能网络
MRK	Mensch-Roboter-Kollaboration	人机协作
CPP	Kost pro Bauteile	零件成本
SMED	Single Minute Exchange of Die	快速换模
MRO	maintenance、repair and operations	维护、维修和运营
MOM	manufacturing operations management	制造运营管理